# 鋼製ゲート百選

水門の風土工学研究委員会
「鋼製ゲート百選」選定委員会編

技報堂出版

032　利根大堰・調節ゲート

046　出し平ダム・排砂設備

047　黒四ダム・放流設備

048　中島閘門

051　鳴鹿大堰

070-2　天ヶ瀬ダム・調節ゲート（右は夜景）

056　上麻生発電所・制水ゲート

074　安治川大水門・
　　　木津川大水門・
　　　尻無川大水門

081　三栖閘門

090　満濃池・取水設備

076　千苅貯水池
　　　洪水吐ゲート

# 一隅を照らす書
# 「鋼製ゲート百選」を推す

京都大学名誉教授　日本学士院会員
(財)国際高等研究所所長　沢田敏男

　風土工学研究所の竹林征三君から，『鋼製ゲート百選』の本ができたので推薦状を書いてほしいとの話があった．私は長年，農業土木を専攻し，多くのダムや頭首工，水路等の水利施設の設計技術はいかにあるべきかを研究してきた．鋼製ゲートについても，私のアイデアで設計してきたものもいくつもある．

　『鋼製ゲート百選』を通読して，水利施設の研究を専門としてきたものとしても初めてそうだったのかと知らされることが多く，目を開かされるところが多い．

　この書で百選として選んだ価値基準は何か，見た目の良さではない．そのものの大小というスケールでもない．ただ古い新しいでもない．鋼製ゲートの個性を尊重し，それをつくるのにどれだけの知恵を結集したかを評価しているのだ．ゲートの設計技術者がゲートのものづくりにかけた技術の結実の思いを評価しているのだ．

　考えてみるに，鋼製ゲートはそれを包含する土木構造物の躯体本体よりも物理的寿命は短いし，動く機能保持のために要求される機能も時代とともに高度化してくる．それに応じて，その時々の技術の到達点で新しい機能のものにつくり替えられてきた．その時，老朽化したゲートがどれだけの知恵の結集したものであったかということなどを評価されることはほとんどなかったのではなかろうか．したがって，スクラップとして処分されてきたのではなかろうか．

　この書を直読して，ゲートの設計とは，奇をてらうことなく，自分達はこれだけすごいものをつくってきたということを主張することもなく，ただひたすら要求される機能を満足するものをつくるため，精一杯，最先端の近代技術の知恵を結集してつくってきたのがゲートではないかということが浮かび上がってくる．

　本書はそれを評価し，それに焦点をあてた書である．これまでこのような視点は残念ながらなかったのではないかと考える．このような視点が竹林博士の展開する風土工学なのだと，改めて敬意を評する次第である．

　本書はまさに近代技術の職人と匠の技を評価したいわば，一隅を照らす書である．建設技術に携わる者に限らず，あらゆる分野の方に読んでいただきたい教養書でもあると考えて，ここに推薦するものである．

# 温かき目線の展開
## 「鋼製ゲート百選」を推薦する

建設省技監　青山俊樹

　編者の竹林氏とは37年間のつきあいであり，その国土づくりにかける情熱にはかねてより敬服いたしております．

　氏が，その地域固有の歴史・文化・風土を土木技術にとり入れた「風土工学」という新しい工学大系を構築されたことについてもよく承知しております．なかでも，九頭竜川鳴鹿大堰の計画設計過程でその手法を導入されていたことは，これからの土木技術の一つの方向を示しているものとの思いを強く抱いております．

　風土工学は一見するときわめてソフトな技術論のように見られがちですが，それを裏打ちする確固たるハードの技術の展開方法があり，その両者のクロスチェックにより，成り立っていると理解しております．

　ハードの技術論とはどのようなものか．感性工学を含めた先端技術を駆使する職人と匠の技の評価であり，ものづくりに対する温かい目線であると感じます．

　本書の前書きにある「ゲート五訓」からも，それが読み取れ，その目線で本書が編集されているものといえるでしょう．

　昨今，公共工事，とりわけ，ダムや堰に対しての厳しい社会批判がある中，竹林氏が展開する風土工学は，建設技術者に夢と自信をもたせ，新しい方向性を与えてくれるものと共感しているところです．そのような視点から初めて鋼製ゲートに光をあてたのが，本著『鋼製ゲート百選』ではないでしょうか．

　本書を出版されるにあたって，資料の調査やチェック，選定に不測の日数と作業労力を要したと聞いていますが，実際には時代が経過したものなどは，図面も少なく，たいへん根気のいる作業の連続ではなかったかと推察します．関係された技術者の多大の御尽力に敬意を表します．

　一人でも多くの建設技術者に一読をお勧めすると同時に，広く一般の方々にもお読みいただければと，ここに推薦します．

# 「鋼製ゲート百選」について

通商産業省大臣官房技術総括審議官　佐々木宜彦

　かつて「鉄は国家なり」といわれ，製鉄や鉄鋼産業が日本の近代化の動輪の役割をになってきました．その後日本を現在の経済大国に導いた原動力は，日本列島の交通の背骨を構築する新幹線網と高速道路網の整備であり，それらの基盤は災害に強い国土形成のための河川整備等，土木建設技術であることは間違いない事実であります．

　ただ，その土木建設技術は昨今，「ダムはムダ」だとか，環境破壊の元凶だとか世論の厳しい逆風を受けるようになってきています．したがって建設行政も，以前に増して社会に受け入れられる方向を模索するように見直しが行われつつありますが，それも歴史の必然であるのかと感じます．

　このような時に，竹林氏が構築された風土工学は，新たな建設技術の意識改革の方向性を示し，新たな夢を建設技術者に与えてくれるものであるといえるのではないでしょうか．その風土工学の視座で，鋼製ゲートに焦点をあてたのが本書であります．

　「鉄」と「土木建設」との二つのキーワードに関わる技術は，三つあります．「橋梁」・「水門ゲート類」と「建設機械」であります．

　全国の大学の土木工学科にはほとんど「橋梁」の講座があり，橋梁技術を専門とする先生がおられます．橋梁技術は土木技術の重要なパートを占めます．一方「建設機械」は，それを駆使する施工法は土木技術の分野であるのに対し，建設機械そのものをつくるのは，どちらかといえば機械の分野の人が担当しています．

　しからば，水門ゲート類はどうかといえば，大学等の土木分野や機械分野で水門に関する講座があるとは寡聞にして聞いたことがありません．それでは誰が水門技術を支えているのでしょうか．

　それは，鉄構製造メーカーのゲート部門の設計・製造・据付工事の技術者なのであります．企業の中で長年にわたって研鑽と経験を積んで，最先端の技術を修得していくのです．地味に着実に．そして彼らが携わった水門ゲートは，山奥や河口などの場所に設置されるのがほとんどで，そのぶん一般市民の関心を得ることは非常に少ないのです．

　本書はどちらかというと境界領域であまり脚光を浴びてこなかった水門ゲートに焦点をあてたものであります．

　これまであまり評価・認識されてこなかった技術分野に，実は最先端の近代技術が導入，駆使されていることを広く一般の方々に知ってもらうためにとの意図がうかがえます．

　技術関係者のみならず，広く一般の方々にも読んでいただきたい啓蒙書として高く評価し，ここに推薦します．

## 『鋼製ゲート百選』の発刊にあたり

　地域の社会基盤，施設づくりの実学が土木工学である．土木のものづくりに主として用いられる素材は，その地の土や岩石，それに，それらの石（砂利）と岩と水，石灰岩によりつくられるセメントとの化学化合物であるコンクリート，さらには，鉄鉱石よりつくられる鉄，また杭とか柵とかに用いられる木材等があげられる．土木はそれらを自在に用い，社会基盤である道路や橋，トンネル，堤防や堰堤等の施設がつくられる．

　それらのうち，鉄でつくられる土木施設としてすぐに思い浮かぶのは，橋梁であろう．橋梁の設計法の実学が橋梁工学であり，古くより土木工学の中にあって一つの重要な部門とされてきている．鉄でつくられる土木施設としては，橋梁とともに重要なものとして，堰や水門のゲート類があることを忘れてはならない．

　橋梁は，広い川を横断しているので非常によく目立ち，存在感がある．形状・形式もいろいろなものがあり，見た目の変化もある．土木施設の中でもっとも一般の人の目にとまるということかもしれない．一方，ゲートも同じようにいろいろなタイプがあるが，それらは巨大なダムや延々と続く堤防の一部に組込まれているので目立たぬことが多い．一般の人の目には，橋梁と比べて格段に目にとまることが少ないということであろうか，存在感が少ない．鉄の土木施設として，すぐにゲート類を思い浮かべる人は，土木のことをよく知っている人に違いない．

　実社会でそれらを設計し製作しているのは，鉄橋と同じように鉄構メーカーの技術関係者である．ゲートの設計技術者の専門としての出身は機械工学，精密工学や造船工学，それに土木工学，まれには航空工学等々いろいろである．このことはどういうことであろうか．大学等で水門工学とか，ゲート工学とかを教えている先生がいるとは聞いたこともないし，そのような学校があるということも聞いていない．あるとすれば，機械工学関係なのだろうか，はたと考えてしまう．

　鉄でつくられる橋については，橋梁工学に関する専門書もこれまで多く出版されてきているほか，『鉄橋百選』とか『日本百名橋』とかというある種の思い入れのもと，橋を讃えるものの対象としている本もまとめられている．

　一方，わが国では，水門やゲートについての専門書は，ゲートメーカーの協会等でまとめられた技術基準やマニュアル類のほかには，見たことがない．ましてや，ゲートに対する思い入れがまとめられる気配など寡聞にうかがえない．

　鉄でつくられる土木施設の二つの極端な対象である橋梁とゲートについていろい

ろ対比してみると，さまざまなことが明確に浮かび上がってくる．わが国においては，橋梁はきわめてまれなものを除いて可動のものは基本的にはない．一方，水門は可動することでその役割を果す．可動が基本である．

また，ダムの堤体を考えてみても，コンクリートや土石でつくられる動かない堤体に対し，放流設備は巨大水圧に抗し，水を制御するほか，漏水を許さないという橋梁よりもはるかに厳しい高度な技術が要求される．ダム堤体が人間の身体としたら，ゲートはとまることなく動きつづける心臓のような枢要なる役割なのである．

このようなことごとを考えながら，ゲートとは何か，ゲートの特性を五訓の形でとりまとめてみた．

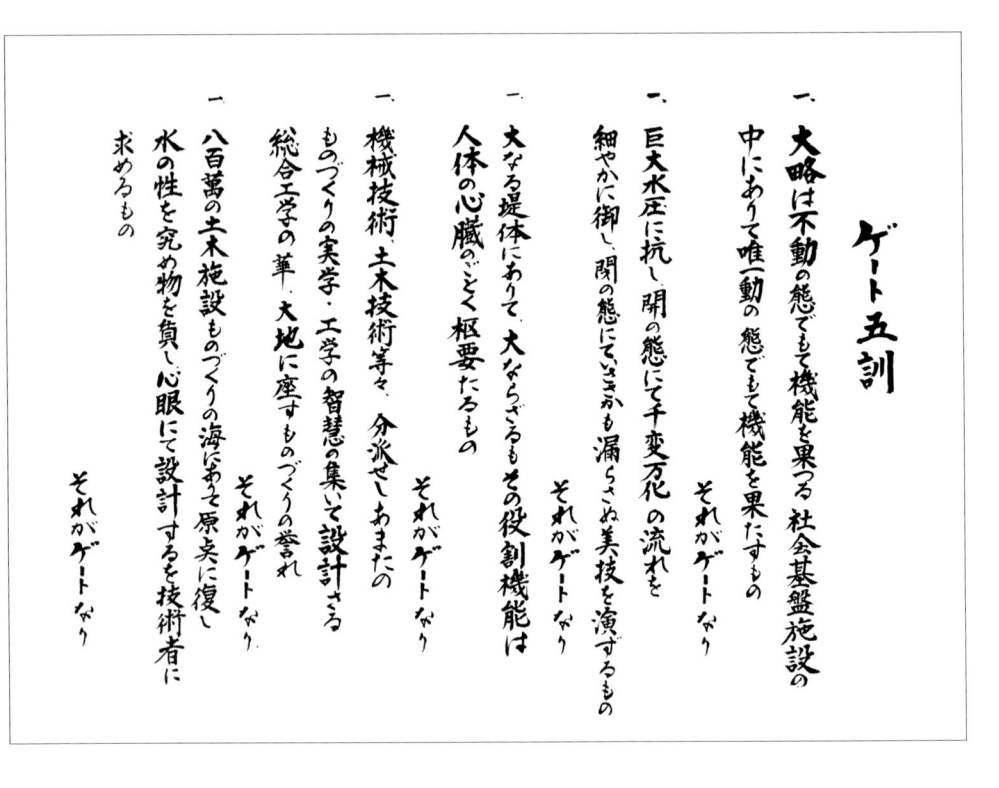

**ゲート五訓**

一．大略は不動の態でも機能を果つる 社会基盤施設の中にありて唯一動の態でも機能を果たすもの それがゲートなり

一．巨大水圧に抗し，開の態にて千変万化の流れを細やかに御し，閉の態にていささかも漏らさぬ美技を演ずるもの それがゲートなり

一．大なる堤体にありて，大ならざるもその役割機能は人体の心臓のごとく枢要たるもの それがゲートなり

一．機械技術，土木技術等々，分派せしあまたのものづくりの実学・工学の智慧の集いて設計さる総合工学の華．大地に座すものづくりの誉れ それがゲートなり

一．八百萬の土木施設ものづくりの海にあって原点に復し水の性を究め物を負い心眼にて設計するを技術者に求めるもの それがゲートなり

ゲート五訓をとりまとめてみると，ゲートとは何かを鮮明に浮かび上がらせてくれた．鋼製ゲートはきわめて重要な土木の設計対象にもかかわらず，不当な扱いを受けていることに気づく．このようなことから，鋼製ゲートの重要性とその技術の深さを，どのように土木関係者のみならず，多くの一般の人にもわかっていただけるだろうかということを考えた．

そこで，『鋼製ゲート百選』を選定し，技術的にもきわめて高度なこと，さらには，社会的役割もたいへん大きく重要な施設であることを理解してもらえるようにまとめてみようと考えた．このようなことで，ゲートメーカーの設計の中枢メンバーと研究会を始めたのが「水門の風土工学研究委員会」である．

しかし，とりまとめにかかってはみたものの，そもそもゲートを設計する側も，

ゲートを管理する側も，もともとそのような形でゲートをみるという視点がなかったので，管理に必要な最小限の設計図書は残されてはいるものの，ゲート百選の選定に必要な写真，文献等の記録がほとんど残されていない状況であった．調べれば調べるほど，新しい事項が順次わかってくるとということで，当初の予定より大幅に不測の年月を要してしまった．

　また，本書を今日このような形で発刊するのも，そういう意味では一つの決断でもある．読者の皆様から，これよりも古いゲートの実績があるというようなことが，新たに指摘されることもおおいにあるのではないかと考えている．そのような意味で，どしどしご指摘していただければ幸いだと思っております．

　本書の発刊がこのように遅れた責任は，とりまとめ委員長の私の能力が至らなかったものとまずもってお詫び申し上げます．また本書がここに至るまでにはたいへん膨大な技術資料を調査し，とりまとめのたいへんな努力を必要とする作業をしていただいた当研究会の皆様方，とりわけ本書のとりまとめを中心となってやっていただいた貴堂　巌 氏，桜井好文 氏，高橋　伸 氏の三人のご尽力は並々ならぬものがあります．深甚なる感謝の意を表します．

　また，本研究会のとりまとめにあたり終始，心暖かきご指導をいただいた中川博次 先生をはじめ，水門技術者の諸先輩に対し厚くお礼申し上げます．

　本書が，当初のとりまとめの意図のごとく，鋼製ゲートの役割が一人でも多くの方にご理解していただき，鋼製ゲートに心よせる技術者が一人でも多く誕生することを祈願いたします．

2000年3月

水門の風土工学研究委員会<br>
委員長　竹林征三<br>
(財)土木研究センター風土工学研究所所長

# 水門の風土工学研究委員会

「鋼製ゲート百選」選定委員(敬称略，五十音順，所属は平成12年1月1日現在)

| | | |
|---|---|---|
| 顧　問 | 立命館大学教授　京都大学名誉教授 | 中川　博次 |
| | (株)間組顧問　(株)ジオスケープ代表取締役社長<br>　元 水資源開発公団理事 | 伊集院　敏 |
| | 元 (社)ダム・堰施設技術協会専務理事 | 細田　和男 |
| | 前 (社)ダム・堰施設技術協会専務理事 | 石井　文雄 |
| | 国立呉工業高等専門学校校長　広島大学名誉教授 | 長町　三生 |
| 委員長 | (財)土木研究センター風土工学研究所所長 | 竹林　征三 |
| 委　員 | (株)丸島アクアシステム取締役環境技術部長 | 伊藤　忠男 |
| | 石川島機械鉄構エンジニアリング(株)橋梁鉄構建設本部取締役副本部長<br>　前 石川島播磨重工業(株)鉄構事業部開発部長 | 上野　信隆 |
| | (株)グランテック代表取締役　前 (株)丸島アクアシステム技術部長 | 上野　米久 |
| | (株)丸島アクアシステム顧問<br>　前 石川島播磨重工業(株)鉄構事業部スタッフグループ部長 | 大川　勉 |
| | 三菱重工業(株)鉄構技術部水門鉄管設計課チーム総括 | 岡村　信光 |
| | (株)栗本鐵工所水門鋼管エンジニアリング部課長 | 河合　廣治 |
| | 佐藤鉄工(株)取締役技術本部長 | 貴堂　巌 |
| | 石川島播磨重工業(株)鉄構事業部水門設計部課長 | 小島　治久 |
| | 元 三菱重工業(株)鉄構事業部鉄構装置部部長代理 | 桜井　好文 |
| | 建設省土木研究所ダム部長 | 高須　修二 |
| | 西田鉄工(株)ダム開発室室長 | 高橋　伸 |
| | 元 川崎重工業(株)鉄構事業部水門設計課課長 | 田口　頼紀 |
| | 前 (株)田原製作所顧問　元 三菱重工業(株)鉄構部次長 | 武市　英雄 |
| | (株) 日立造船メンテック代表取締役<br>　前 日立造船(株)鉄構事業本部技師長 | 中田　利治 |
| | 元 (株)栗本鐵工所九州支店長 | 野崎　智 |
| | 川崎重工業(株)鉄構・機器事業部水門技術部部長 | 羽田　靖人 |
| | 西田鉄工(株)技術本部技師長<br>　元 石川島播磨重工業(株)鉄構事業部水門設計部長 | 林　政輝 |
| | 西田鉄工(株)顧問　前 (株)田原製作所顧問 | 疋田　正 |
| | (株)栗本鐵工所鉄構事業部技術部長 | 久野　佳三 |
| | (株)栄進エンジニアリング代表取締役<br>　元 日立造船(株)鉄構設計部水路構造設計課課長 | 山本　英男 |
| | (株)水工工学研究所取締役技術部長<br>　前 (株)栗本鐵工所開発室技術部長 | 和田　宏三 |
| | 建設省建設経済局建設機械課長補佐 | 渡辺　昭 |
| 事務局 | (株)ユニテックス代表取締役 | 天野　正隆 |
| | (財)土木研究センター風土工学研究所研究員 | 亀井　一彰 |
| | 前 (財)土木研究センター風土工学研究所専門調査役 | 木暮　雄一 |
| | 元 (財)土木研究センター風土工学研究所専門調査役 | 小林　信一 |
| | (株)水工工学研究所代表取締役 | 中島　宏 |
| | 風土調査会 | 松岡　宏 |

# ご協力者

鋼製ゲート百選の選定に際しては次の機関,会社等に情報,図面,写真等資料の提供等のご協力をいただきました(敬称略).

**大学**
　山梨大学学長　椎貝博美

**建設省**
　建設省河川局開発課
　建設省建設経済局建設機械課
　建設省東北地方建設局
　建設省関東地方建設局
　建設省中部地方建設局
　建設省北陸地方建設局
　建設省近畿地方建設局
　建設省中国地方建設局
　建設省四国地方建設局
　建設省九州地方建設局

**総理府**
　北海道開発局
　沖縄総合開発事務局

**農林水産省**
　農林水産省東北農政局
　農林水産省関東農政局

**運輸省**
　運輸省第三港湾局

**公団**
　水資源開発公団

**地方自治体**
　岩手県　宮城県　宮城県村田町　秋田県　茨城県
　千葉県　東京都　新潟県　川崎市　名古屋市
　岐阜県　富山県　奈良県　大阪市　兵庫県
　神戸市　香川県　高知県　山口県　福岡県
　宮崎県　長崎県　長崎市

**土地改良区**
　北海道渡島平野土地改良区
　福島県安積疏水土地改良区
　茨城県岡堰土地改良区
　奈良県大和平野土地改良区
　香川県満濃池土地改良区

**電力会社**
　北海道電力(株)　東北電力(株)　中部電力(株)
　関西電力(株)　中国電力(株)　四国電力(株)
　九州電力(株)　電源開発(株)

**財団法人**
　(財)土木研究センター風土工学研究所

**ゲートメーカ**
　石川島播磨重工業(株)　川崎重工業(株)
　(株)栗本鐵工所　酒井鉄工所(株)　佐藤鉄工(株)
　住友重機械工業(株)　(株)田原製作所
　西田鉄工(株)　日本鋼管(株)　日立造船(株)
　(株)丸島アクアシステム　丸誠重工業(株)
　三菱重工業(株)

**コンサルタント**
　(株)水工工学研究所
　(株)ユニテックス

# 鋼製ゲート百選/目　次

**<北海道地区>**
- 001　大雪ダム・放流設備 ... 2
- 002　層雲峡発電所・排砂ゲート ... 3
- 003　尾白利加ダム・取水設備 ... 4
- 004　十勝ダム・主放水設備 ... 5
- 005　二風谷ダム・魚道 ... 6
- 006　追分頭首工・洪水吐ゲート ... 7

**<東北地区>**
- 007　岩洞第一発電所・取水設備 ... 10
- 008-1　石淵ダム・排水ゲート ... 11
- 008-2　石淵ダム・余水吐ゲート ... 12
- 009　七北田ダム・排水設備 ... 13
- 010　福地水門・逆流防止ゲート ... 14
- 011　釜谷水門・防潮ゲート ... 15
- 012　石井閘門 ... 16
- 013　村田ダム・取水設備 ... 17
- 014　素波里ダム・取水設備 ... 18
- 015　萩形ダム・非常用洪水吐ゲート ... 19
- 016　八郎潟干拓防潮水門・防潮ゲート ... 20
- 017　寒河江ダム・非常用洪水吐ゲート ... 21
- 018　蓬莱発電所・取水堰堤可動堰 ... 22
- 019　片門発電所・制水ゲート ... 23
- 020　十六橋水門 ... 24

**<関東地区>**
- 021　関宿水閘門 ... 26
- 022　横利根閘門 ... 27
- 023　岡　堰 ... 28
- 024　常陸川水門・修理用ゲート ... 29
- 025　利根川河口堰・調節ゲート ... 30
- 026　川俣ダム・主放水設備 ... 31
- 027　川治ダム・取水設備 ... 32
- 028　五十里ダム・洪水吐ゲート ... 33
- 029　松川頭首工・自動転倒ゲート ... 34
- 030　勝瓜頭首工・洪水吐ゲート ... 35
- 031　矢木沢ダム・洪水吐ゲート ... 36
- 032　利根大堰・調節ゲート ... 37
- 033　秋ヶ瀬取水堰 ... 38
- 034　二瀬ダム・主放水設備 ... 39
- 035　行徳可動堰・制水ゲート ... 40
- 036　小糸川人見堰・洪水吐ゲート ... 41
- 037-1　江戸川水閘門・水門 ... 42
- 037-2　江戸川水閘門・閘門 ... 43
- 038　上平井水門・防潮ゲート ... 44
- 039　東雲地区・防潮ゲート ... 45
- 040　川崎河港水門 ... 46
- (遺構) 041　飯沼反町閘門 ... 47

**<中部地区>**
- 042　中ノ口水門・洪水吐ゲート ... 50
- 043　黒又川第二発電所・流量調節ゲート ... 51
- 044-1　大河津分水・調節ゲート ... 52
- 044-2　大河津分水・洗堰 ... 53
- 045　新堀川水門・防潮ゲート ... 54
- 046　出し平ダム・排砂設備 ... 55
- 047　黒四ダム・放流設備 ... 56
- 048　中島閘門 ... 57
- 049　室牧ダム・主放水設備 ... 58
- 050　小牧ダム・取水口調整水門 ... 59
- 051　鳴鹿大堰 ... 60
- 052　美和ダム・主放水設備 ... 61
- 053　御母衣ダム・洪水吐ゲート ... 62
- 054-1　岩屋ダム・洪水吐ゲート ... 63
- 054-2　岩屋ダム・放流管ゲート ... 64
- 055　丸山発電所・制水ゲート ... 65
- 056　上麻生発電所・制水ゲート ... 66
- 057　今渡ダム・流芥ゲート ... 67
- 058　横山ダム・取水設備 ... 68
- 059　井川発電所・放水管ゲート ... 69
- 060　奥泉ダム・洪水吐ゲート ... 70
- 061　長島ダム・主放水設備 ... 71
- 062　犬山頭首工・余水吐ゲート ... 72
- 063　和合チェックゲート ... 73
- 064　船頭平閘門 ... 74
- (遺構) 065　松重閘門 ... 75

**<近畿地区>**
- 066　長良川河口堰・閘門式魚道 ... 78
- 067　青蓮寺ダム・主放水設備 ... 79
- 068　津田江北水門・調節ゲート ... 80
- 069-1　瀬田川洗堰・流量調節ゲート ... 81
- 069-2　瀬田川洗堰・バイパスゲート ... 82
- 070-1　天ヶ瀬ダム・非常用洪水吐ゲート ... 83
- 070-2　天ヶ瀬ダム・主放水設備 ... 84
- 071　三栖洗堰・制水ゲート ... 85
- 072-1　淀川大堰・制水ゲート ... 86
- 072-2　淀川大堰・調節ゲート ... 87
- 073　淀川陸閘 ... 88
- 074　安治川大水門・木津川大水門・尻無川大水門 ... 89
- 075　堂島川可動堰 ... 90
- 076　千苅貯水池・洪水吐ゲート ... 91
- 077　平荘ダム・取水設備 ... 92
- 078　曽我川頭首工・洪水吐ゲート ... 93
- 079　猿谷ダム・制水ゲート ... 94
- 080　岩出頭首工・制水ゲート ... 95
- (遺構) 081　三栖閘門 ... 96
- (遺構) 082-1　毛馬第一閘門（ストーニーゲート） ... 97
- (遺構) 082-2　毛馬第一閘門（マイタゲート） ... 98
- (遺構) 083　引原ダム・流量調節ゲート ... 99
- (遺構) 084　尼崎港第一閘門 ... 100

**<中国・四国地区>**
- 085-1　湯原第一発電所・取水設備 ... 102
- 085-2　湯原第一発電所・排砂バルブ ... 103
- 086　明塚発電所浜原ダム・修理用ゲート ... 104
- 087　来島ダム・取水設備 ... 105
- 088　高暮ダム・洪水吐ゲート ... 106
- 089　佐波川ダム・排砂設備 ... 107
- 090　満濃池・取水設備 ... 108
- 091　早明浦ダム・取水設備 ... 109
- 092　穴内川ダム・制水ゲート ... 110
- 093　大島漁港・海岸保全施設 ... 111
- (遺構) 094　入発電所・堰堤制水門 ... 112

**<九州・沖縄地区>**
- 095　遠賀川河口堰・防潮ゲート ... 114
- 096　夜明発電所・洪水吐ゲート ... 115
- 097　三池港閘門 ... 116
- 098　雪浦ダム・放流設備 ... 117
- 099　立花ダム・主放水設備 ... 118
- 100　綾北ダム・主放水設備 ... 119
- 101　倉敷（端慶山）ダム・取水設備 ... 120

**図解 ゲート・バルブの形式** ... 121

# 鋼製ゲート百選　北海道地区

- 大雪ダム・放流設備
- 層雲峡発電所・排砂ゲート
- 尾白利加ダム・取水設備
- 北海道
- 十勝ダム・主放水設備
- 二風谷ダム・魚道
- 追分頭首工・洪水吐ゲート

# 001　大雪ダム・放流設備

| | |
|---|---|
| 設置場所 | 北海道上川郡上川町層雲峡字大学平 |
| 設置河川 | 石狩川（1級河川） |
| ゲート形式 | 横連続桁縦主桁ラジアルゲート |
| 設置門数 | 2 |
| 寸　法 | 径間10.00m×扉高12.133m |
| 建設年 | 昭和49年（1974） |
| 事業者 | 北海道開発局 |
| 施工会社 | 石川島播磨重工業㈱ |

## 大型ゲート出現に応える技術
## 初の横連続桁縦主桁方式ラジアルゲート

　石狩川水系大雪ダムは，北海道上川町層雲峡に，北海道開発局が昭和50年に建設した堤高86.5mのロックフィルダムである．ダム下流に広がる上川盆地の用水確保と，洪水被害防止，それに旭川市への上水用水供給を目的に設けられたものである．この洪水吐ゲートに，横連続桁縦主桁構造の大型クレストラジアルゲートが採用された．

　この洪水の一部を放流し，かつ大雪ダムそのものの安全を守るための洪水吐は堤体右岸に設けられており，ダム近くから巨大な滑り台のようなシュート式洪水吐を眺めることができるが，この洪水吐に用いられているのが径間10m，高さ12.133mの大型クレストラジアルゲート2門である．このゲートの構造は横連続桁縦主桁方式と呼ばれ，わが国ではここで初めて採用されたものである．

　横連続桁縦主桁方式は，高さの大きなゲートには合理的で有利な構造であり，その後の大型クレストラジアルゲートの要請に対応した方式といえ，このダムでは技術発展の足跡を示す一里塚となった．さらに，ダムの立地は大雪山，層雲峡，かずかずの瀑布群などに囲まれている．自然とともにあるダムとして，人々の目を楽しませている．

## 002　層雲峡発電所・排砂ゲート

| | |
|---|---|
| 設 置 場 所 | 北海道上川郡上川町字層雲峡 |
| 設 置 河 川 | 石狩川（1級河川） |
| ゲート形式 | フラップ（決潟板）付ローラゲート |
| 設 置 門 数 | 1 |
| 寸　　　法 | 径間6.0m×扉高 7.70m |
| 建 設 年 | 昭和29年（1954） |
| 事 業 者 | 北海道電力 |
| 施 工 会 社 | 石川島重工業（株）（石川島播磨重工業（株）） |

### 初のフラップ（決潟板）付ローラゲート
### 石狩川上流の名勝に因む

　北海道電力が石狩川の上流，上川町の名勝地層雲峡に因んだ層雲峡発電所を建設したのは昭和29年のことで，出力23 800kWのダム水路式発電所はその後の北海道の経済復興に大きく寄与する．このダムに設けられた排砂ゲートは径間6m，高さ7.7mのローラゲートであるが，ゲート上部の一部を切欠いて，決潟板と呼ばれるフラップゲートが設置され，フラップ付ローラゲートとしては第1号であり，特徴となっている．

　排砂ゲートは貯水池に堆積する土砂が発電用の取水口を塞ぐことのないよう設けられるもので，フラップは浮遊物や氷などを流下させるためのものである．しかも，排砂ゲートはワイヤロープで操作するためゲートにシープ（滑車）を取付けているが，このシープの移動によりフラップを転倒，起立させるという，特別な駆動装置が不要な簡単な機構となっているのが特徴でもある．

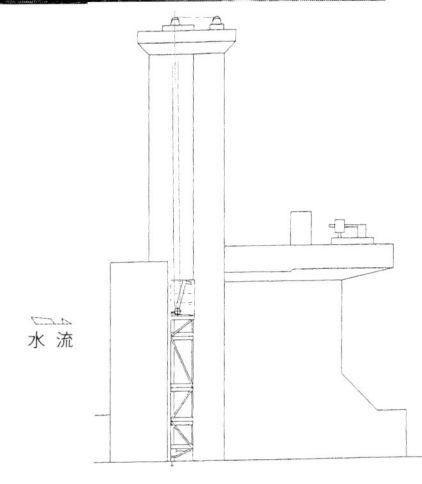

　この後，本体ゲートにフラップを設ける例は増加するが，本体開閉とは別に，フラップの駆動装置を設けるのが一般的となってくる．いずれにせよ，層雲峡発電所排砂ゲートのフラップは，水門技術発展史上でも記念すべきものといえる．

# 003　尾白利加ダム・取水設備

| | |
|---|---|
| 設 置 場 所 | 北海道雨竜郡雨竜町尾白利加 |
| 設 置 河 川 | 石狩川水系尾白利加川（1級河川） |
| ゲート形式 | フロート式シリンダゲート |
| 設 置 門 数 | 1 |
| 寸　　　法 | 口径 φ1.0～1.3×扉高 20.00m |
| 建 設 年 | 昭和39年（1964） |
| 事 業 者 | 北海道開発局 |
| 施 工 会 社 | 日兼特殊工業㈱（三菱重工業㈱） |

## 初のフロート式シリンダゲート
## 石狩川流域の冷害防止に活躍

　尾白利加ダムは，北海道雨竜町の石狩川水系尾白利加川に，北海道開発局が昭和39年に建設したものである．ダム貯留水を灌漑用水として供給する際は，農作物の冷害防止策として温水を取るため設けられた設備があるが，これが独立タワー式のシリンダ式取水ゲートである．

　そして，この取水ゲートは，岩手県の岩洞第一発電所で開発した機械式シリンダゲートに続き，国内で開発された初めてのフロート式円形多段式ゲートである．ゲートは最上部のフロートによって吊下げられた形式で，水位の変化に追従して自然に伸縮するため，維持・管理が容易という利点をもつ．また，取水塔の外周には水位の変動に追従して移動可能なフロート付防塵スクリーンが設けてあり，塵芥のない表面温水を取水できるようになっている．

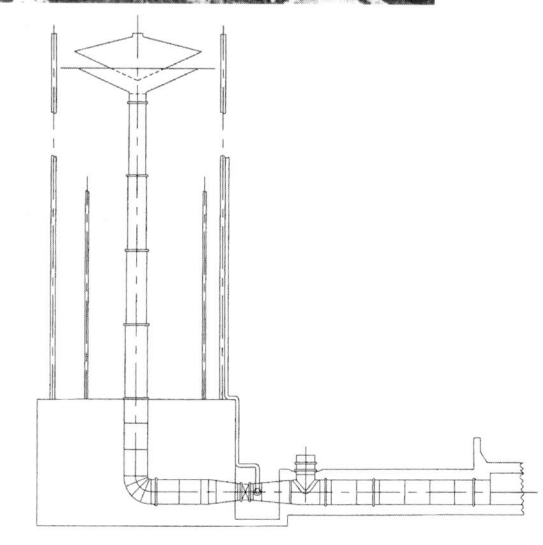

　ダム湖に静かに浮かぶこの取水設備は，周辺景観とマッチして独特の雰囲気をもっており訪れる人をなごませているが，わが国独自技術で仕上げた設備の第1号機としての価値も忘れてはならない．

# 004　十勝ダム・主放水設備

| 設 置 場 所 | 北海道上川郡新得町字富村牛 |
|---|---|
| 設 置 河 川 | 十勝川（1級河川） |
| ゲート形式 | 高圧スライドゲート |
| 設 置 門 数 | 4 |
| 寸　　　法 | 径間2.40m×扉高3.60m |
| 設 計 水 深 | 60.17m |
| 建 設 年 | 昭和56年（1981） |
| 事 業 者 | 北海道開発局 |
| 施 工 会 社 | 三菱重工業（株） |

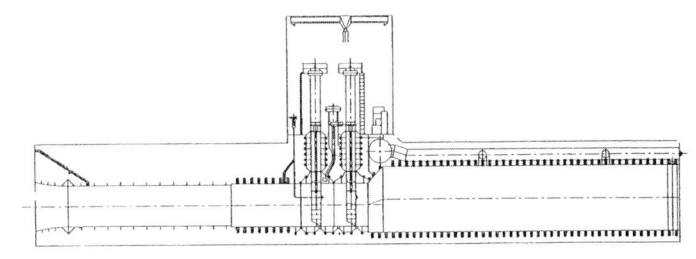

## 中規模ダムの手本に
## ナロースロット式高圧スライドゲート

　十勝ダムは，北海道十勝川流域がたびたび洪水に見舞われ被害を受けていたことから，十勝川総合開発事業の一環として北海道開発局が，昭和56年に新得町に建設した．洪水期間中は，コンジットゲート2門によりダム地点での計画高水流量1 800m$^3$/sを，1 450m$^3$/sにカットし，最大放流量350m$^3$/sを制御しようというものである．このコンジットゲートは，高圧スライドゲートにより洪水調節を本格的に行う国内初の設備であり，ゲートの大きさは世界でも最大規模のものである．

　従来，わが国では高圧スライドゲートは全開か全閉状態で使用されてきた．中間開度におけるキャビテーションや，振動の発生を防止するためである．しかし，十勝ダムでは，水深60mでの放流量調節（半開放流）が行えるよう，適用条件についてさまざまな水理実験を行った結果，両側戸溝をナロースロット形式とすることで円滑な放流が可能であること等，安全性を確認したうえで採用した．

　高圧スライドゲートは，十勝ダムへの適用により，それ以降中規模の放流用として各ダムに設置されるようになる．技術革新の先駆的事例の一つといえる．

# 005　二風谷ダム・魚道

| | |
|---|---|
| 設 置 場 所 | 北海道沙流郡平取町字二風谷 |
| 設 置 河 川 | 沙流川（1級河川） |
| ゲート形式 | セクタゲート |
| 設 置 門 数 | 1 |
| 寸　　　法 | 径間20m×扉高59.4m |
| 建 設 年 | 平成7年（1995） |
| 事 業 者 | 北海道開発局 |
| 施 工 会 社 | （株）田原製作所 |

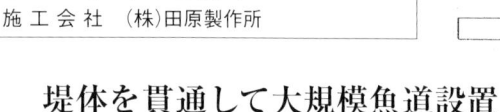

## 堤体を貫通して大規模魚道設置
## 生態系への悪影響をすべて排除

　二風谷ダムは，北海道開発局が平取町の沙流川に，流域一帯の洪水防除，および灌漑，生活用水，苫小牧東部地区工業用水等の水源確保のため，平成7年に建設した多目的ダムである．このダムには，わが国では初めて，右岸側の堤本体を貫通する形で魚道ゲートが設置された．

　二風谷ダム魚道ゲートは，堤体下流部にピン固定されたボックスガータの上面を階段式魚道とし，ダム湖水位の変動に合せて長大な魚道そのものを上下させ，魚にとって良好な遡上環境をつくりだすという，シンプルでかつスケールの大きな方式となっている．また，ゲート本体や戸当り金物等接水部にはステンレス鋼を，軸受け部には無給油タイプの金物，ワイヤロープはグリースレスタイプのステンレスワイヤロープを採用するなど，魚類そのものあるいは生態系に悪影響を及ぼすと判断される材料はすべて排除している．

　この方式は，従来の転倒式魚道ゲートと比較して，①機構が単純なこと，②機能と操作性に優れていること，③経済性に優れていること，④維持管理が容易なこと，等から採用されたものである．二風谷は誇り高きアイヌの聖地でもあり，環境と十分にマッチすることが最優先に配慮された設備となった．

# 006　追分頭首工・洪水吐ゲート

| | |
|---|---|
| 設 置 場 所 | 北海道上磯郡上磯町追分 |
| 設 置 河 川 | 久根別川水系久根別川（2級河川） |
| ゲート形式 | 中間ヒンジタイプ起伏ゲート |
| 設 置 門 数 | 2 |
| 寸　　　法 | 径間10.85m×扉高1.50m |
| 建 設 年 | 昭和41年（1966） |
| 事 業 者 | 北海道開発局 |
| 施 工 会 社 | (株)丸島水門製作所((株)丸島アクアシステム) |

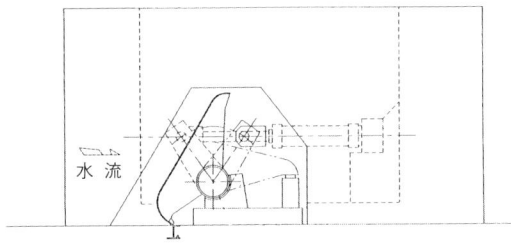

## 中間ヒンジタイプ起伏ゲート
## 楯堰の原型残して改修した1号機

　追分頭首工は，北海道上磯町追分の久根別川に，農業用水のための堰上げと，出水時における下流への安全流下を目的に，昭和41年，北海道開発局により建設されたものである．その洪水吐ゲートは中間ヒンジタイプの楯堰で，扉体中間部にヒンジを有し，ヒンジを支点として扉体に生じる上下部の水圧のアンバランスから自動的に転倒，流れを安全に下流へ流下させるが，起立はワイヤロープ式ウインチを利用して人力で行うものであった．

　当初の機構では操作性，維持管理性の面で問題も多いと，49年に改修を行った．改修にあたっては，土木構造物を含む基本構造は大きく変えないという方針で，構造面では，扉体中間部に鋼管のトルク軸を配し，その片側をトルクアームを介し油圧シリンダで回転トルクを与えて起伏させる形式とした．操作用の油圧ユニットは電動とし操作性をあげ，また油圧シリンダは両岸のコンクリート構造物内部に収納されるようにするなど，維持管理性においても優れたものになった．

　楯堰そのものの設置例は古くからあるが，その設備を改修する場合は，ほとんど標準的な起伏ゲートに取替えられてきた．原形をとどめての中間ヒンジタイプ起伏ゲートにする例は皆無といってよく，その意味でも記念すべき改修例といっていい．

# 鋼製ゲート百選　東北地区

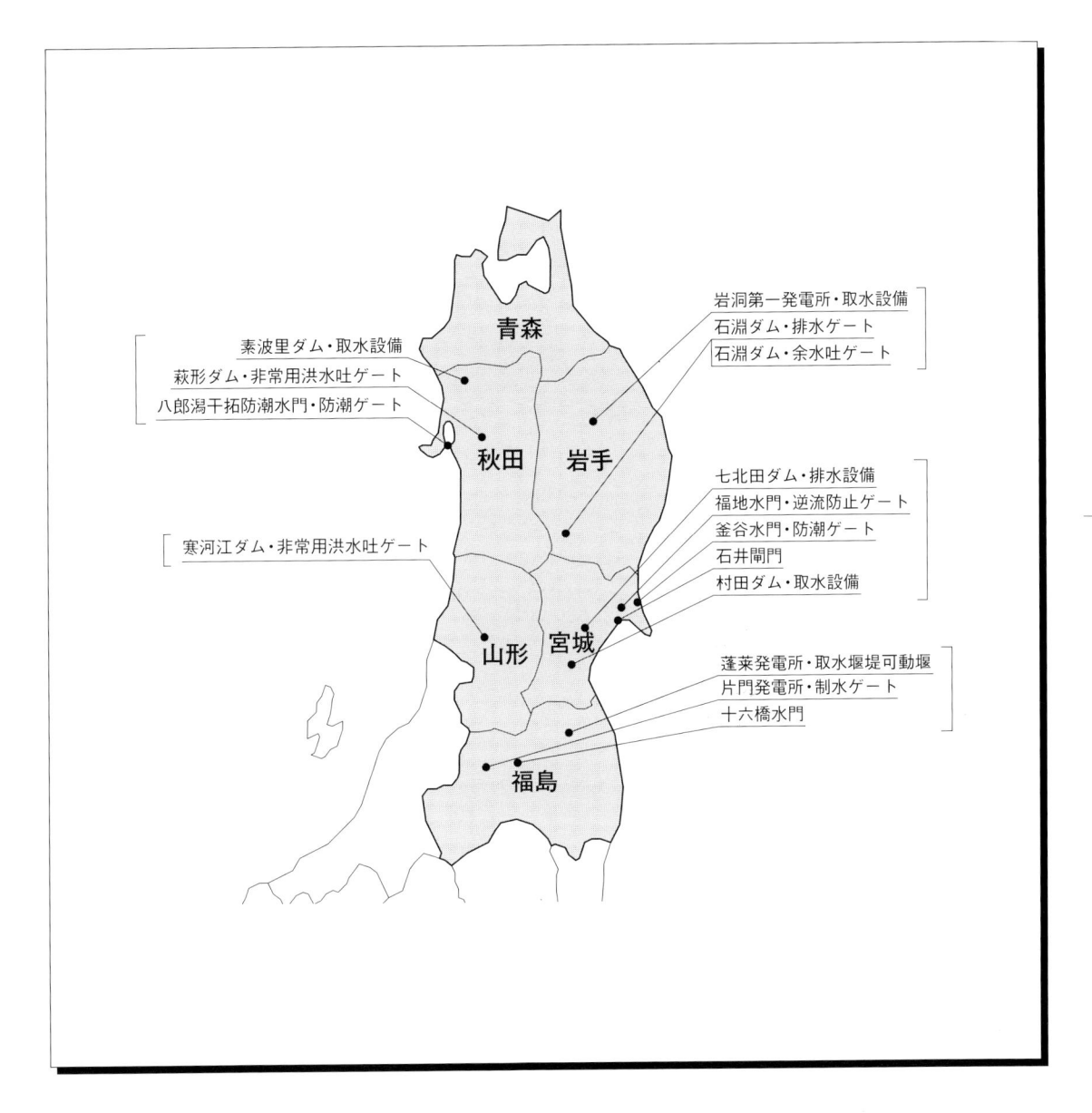

- 素波里ダム・取水設備
- 萩形ダム・非常用洪水吐ゲート
- 八郎潟干拓防潮水門・防潮ゲート

- 岩洞第一発電所・取水設備
- 石淵ダム・排水ゲート
- 石淵ダム・余水吐ゲート

- 寒河江ダム・非常用洪水吐ゲート

- 七北田ダム・排水設備
- 福地水門・逆流防止ゲート
- 釜谷水門・防潮ゲート
- 石井閘門
- 村田ダム・取水設備

- 蓬莱発電所・取水堰堤可動堰
- 片門発電所・制水ゲート
- 十六橋水門

## 007　岩洞第一発電所・取水設備

| | |
|---|---|
| 設 置 場 所 | 岩手県岩手郡玉山村大字藪川 |
| 設 置 河 川 | 北上川水系丹藤川(1級河川) |
| ゲート形式 | 機械式シリンダゲート |
| 設 置 門 数 | 1 |
| 寸　　　法 | 口径 φ2.8〜3.4m×扉高16.94m |
| 建 設 年 | 昭和35年(1960) |
| 事 業 者 | 岩手県 |
| 施 工 会 社 | 三菱重工業(株) |

### 初の円形多段式(機械式)シリンダゲート 米どころで貴重な役割果す

　岩洞第一発電所は，昭和35年に岩手県が玉山村の北上川水系丹藤川上流の柴沢川に建設したフィルダムの貯水を利用して発電を行うもので，最大発電力は41000kWである．また，5月中旬から8月末に至る期間は，発電に使用した水をさらに潅漑用水としても利用する．この地方は岩手県屈指の米どころであるが，寒冷地でもあるだけに，とくに温水取水が必要である．このため，ダムの取水設備には表層2mまでを取水する円形多段式ゲートが，国内で初めて採用された．

　この取水設備の円形多段式ゲート(機械式)は，国内で独自に開発されたもので，特許を得たシステムでもある．その形式は，取水塔最上部に設けた開閉装置により，取水ゲートの呑口を任意の水深に移動可能とし，水位計と開閉装置を連動させることにより，表層取水を行う構造となっている．

　この後種々の改良がなされ，その水理特性から濁水処理機能をもつ選択取水設備としても採用されるようになり，環境保全に対しても大きな役割を果すゲートとなるが，岩洞では米どころの冷水害対策として貴重な役割を果している．

# 008-1 石淵ダム・排水ゲート

| | |
|---|---|
| 設 置 場 所 | 岩手県胆沢郡胆沢町若柳字尿前1番地 |
| 設 置 河 川 | 北上川水系胆沢川（1級河川） |
| ゲート形式 | キャタピラゲート |
| 設 置 門 数 | 1 |
| 寸　　　法 | 径間5.00m×扉高5.00m |
| 設 計 水 深 | 45.0m |
| 建 設 年 | 昭和28年（1953） |
| 事 業 者 | 東北地方建設局 |
| 施 工 会 社 | （株）田原製作所 |

## 地域の暮しと産業に貢献
## 初のキャタピラ機構採用ゲート

　石淵ダムは，岩手県胆沢町の北上川水系胆沢川に洪水調節，発電，灌漑用水の確保を目的に，東北地方建設局の手で昭和28年に建設された，国内初のロックフィルダムである．このダムの排水ゲートに国内での初実施例としてキャタピラゲートが採用された．

　同ゲート設備は，ダム中央の底部に設置された排水用トンネルの上流部に，主副の2ゲートを上下流直列に配したもののうち，下流側主ゲートとして設置されている．主ゲートは5m×5mの大きさで，設計水深が45mと高水深であったため，さまざまな技術検討を経て採用が決定された．キャタピラゲートは，アメリカの技術を手本とし国内で改良を加えて設計・製作された．扉体は桁構造で，水圧荷重により扉体に発生するたわみの影響が，荷重支承部のキャタピラ式ローラに片当りが起こらないよう工夫されている．

　石淵ダムは北上川流域五大ダムの一つとして，ダム建設後下流の胆沢平野の洪水被害は軽減，民生の安定に寄与している．

# 008-2 石淵ダム・余水吐ゲート

| | |
|---|---|
| 設 置 場 所 | 岩手県胆沢郡胆沢町若柳字尿前1番地 |
| 設 置 河 川 | 北上川水系胆沢川(1級河川) |
| ゲート形式 | 高圧ローラゲート |
| 設 置 門 数 | 2 |
| 寸　　　法 | 径間6.80m×扉高7.00m |
| 設 計 水 深 | 13.8m |
| 建 設 年 | 昭和28年(1953) |
| 事 業 者 | 東北地方建設局 |
| 施 工 会 社 | (株)田原製作所 |

## 大型ダムに大規模対応技術
## 国内初のオリフィスローラゲート

　洪水調節，発電，潅漑用水の確保を目的に昭和28年に竣工した北上川水系胆沢川石淵ダムは，東北地方建設局が岩手県胆沢町に建設したロックフィルダムである．このダムの洪水調節用設備として，クレストゲートの非常用洪水吐4門と，オリフィスゲートの常用洪水吐2門が設置された．

　このオリフィスゲートは，わが国で初めて採用されたローラゲート方式の洪水吐門扉で，径間6.8m，扉高7mの扉体の大きさは，用途に照らしあわせても当時としてはもちろん，今日においても大型のものである．同ゲートの構造は鋼板と山形鋼を使用材料とし，リベット接合により一体化を図っている．また，ローラ部にはピボット方式を採用，水圧荷重を確実に戸当りへ伝達できる機構となっている．さらに，全開全閉操作を前提に，水密部に傾斜を設け，全閉時以外は水密が解消される構造とし，操作荷重の軽減を図っている．

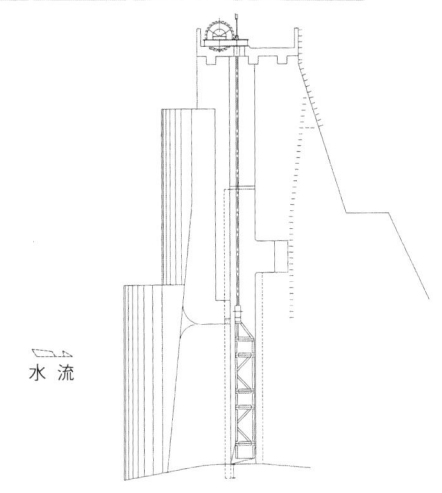

　このダムの完成で，下流部の洪水被害は軽減されるとともに，2つの水力発電所により発電された電力は，近郊の1市2町で年間に使用される電力の約16％を賄い，潅漑用水でも岩手県の穀倉地帯胆沢平野約8 500haの用水確保に貢献している．

## 009　七北田ダム・排水設備

| | |
|---|---|
| 設置場所 | 宮城県仙台市泉区福岡字蒜但木向1-83 |
| 設置河川 | 七北田川（2級河川） |
| ゲート形式 | 高圧ローラゲート |
| 設置門数 | 1 |
| 寸　　法 | 径間2.80m×扉高2.80m |
| 設計水深 | 13.688m |
| 建　設　年 | 昭和60年（1985） |
| 事業者 | 宮城県 |
| 施工会社 | （株）田原製作所 |

### ゴム不連続型オリフィスローラゲート
### 電動2本スピンドル式開閉装置を採用

　七北田ダムは，仙台市泉区福岡の七北田川に，洪水調節，都市用水および既得灌漑用水確保を目的として，宮城県が昭和60年に建設したものである．このダムの洪水調節用放流設備は，夏期制限水位を確保する第1洪水吐設備と，常時満水位を確保する第2洪水吐設備からなるが，この第1洪水吐設備の主ゲートに，オリフィスゲートとして国内初のゴム不連続型水密方式のローラゲートが採用された．

　この水密構造は，扉体の上・側部にはP形ゴムを取付け，下部には台形ゴムを水路底部に埋込み，放流管底面をフラットなものにしている．また，側部の水密線を戸溝より上流側の径間内に配置し，流水の拡散現象による戸溝内の渦流の発生を軽減し，放流水の乱れを極力解消するよう意を注ぐなど，水理技術的に注目されるものになっている．

　また，本ゲートの開閉装置には，電動2本スピンドル式が採用されている．この種のゲート設備にスピンドル式が採用されることは少ないだけに，技術的にも興味ある設備である．

　七北田ダムの完成は，仙台市はじめ近郊都市を守り，流域住民の生活安定に大きく寄与している．

# 010　福地水門・逆流防止ゲート[24]

| | |
|---|---|
| 設 置 場 所 | 宮城県桃生郡河北町福地字加茂崎地内 |
| 設 置 河 川 | 北上川(1級河川) |
| ゲート形式 | 2段式ローラゲート |
| 設 置 門 数 | 1 |
| 寸　　　法 | 径間7.9m×扉高7.8m |
| 建 設 年 | 昭和5年(1930) |
| 事 業 者 | 内務省(東北地方建設局) |
| 施 工 会 社 | 内務省 |

## 日本初の2段式ローラゲート
## 北上川の逆流を防ぐ歴史ある水門

　北上川は，昔からたびたび洪水により迫川との分・合流を繰返して幹川も定まらない状態であったが，伊達藩時代に治水，灌漑，舟運事業に力を注ぎ，明治時代にもこの事業は引継がれた．その一環として，追波川(北上川)の下流部で二股排水路の流入する合流点に位置する福地水門は，上流地域の内水の排水路，および航行舟通し機能を確保するとともに，海水の遡上を防止することを目的として，大正14年に着工され昭和5年に竣工された．

　本水門は，中央部に2段式ローラゲートを配して舟通しとし，両側には4方水密のオリフィスラジアルゲートを設けて通水部としている．主ローラは板バネを使用したロッカビーム方式として，水圧を均一に受けもたせている．水密装置は戸当りにたてたスピンドルを手動ハンドルにより回転させ，スピンドルに取付けた水密板を押付け水止めを行っている．ラジアルゲートの水密部には木材を使用し，曲面に仕上げている．上段扉の下部の水圧は下段扉に支持させているが，上部水圧は戸当りに取付けた回転式支持棒で支持する構造になっている．ゲートの開閉機構は，ローラゲートにはチェーンとスプロケットを，ラジアルゲートにはスクリュースピンドルとステムを用い，さらに開閉荷重を軽減するためにカウンターウェイトを取付けている．

　閘門が2段式であるためピアが低くなり，左右のラジアルゲートとの関係もよく，堰の本体形状を考慮した全体として調和のとれた構造物である．

## 011　釜谷水門・防潮ゲート

| | |
|---|---|
| 設 置 場 所 | 宮城県桃生郡河北町釜屋字甚平地内 |
| 設 置 河 川 | 北上川（1級河川） |
| ゲート形式 | 上端ヒンジフラップゲート |
| 設 置 門 数 | 2 |
| 寸　　　法 | 径間 4.55 m × 扉高 4.25 m |
| 建 設 年 | 昭和3年（1928） |
| 事 業 者 | 内務省（東北地方建設局） |
| 施工会社 | 内務省 |

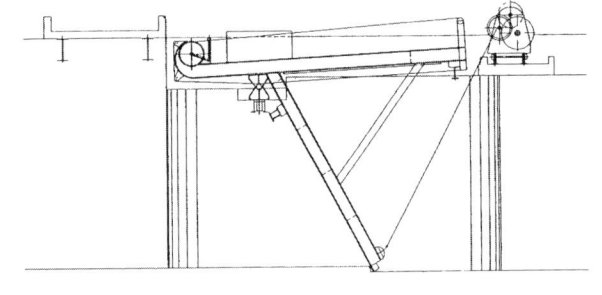

## 支流への逆流を防ぐ「まねきゲート」
## 現存最古の上端ヒンジフラップゲート

　釜谷水門は，宮城県河北町釜谷の追波川（北上川）の支川入釜谷川，芦原川流域を本川の洪水逆流から守り，地域の冠水被害を防止する目的で，昭和3年に内務省（現在は東北地方建設局）が建設した．この地域には，入釜谷川，芦原川のほか，針岡，釜谷，長面などの水路がいろいろあり，それら在来水路を一条に収めて本川の下流部に排水するための水路を設け，その合流点に逆流止め防潮設備として上端ヒンジフラップゲートを設置したものである．

　水門の扉体は，上端ヒンジフラップゲートと呼ばれるもので，開閉装置はカウンターウェイト付きのワイヤロープ巻取式である．常時の操作は上下流の水位差により自動開閉を行うが，高潮時等には機械側でバランスウェイトの移動を行い，開操作は手動で，閉操作はディーゼルエンジンで行う方式となっている．

　この設備は，この地方の洪水・高潮による災害防止に大きな役割を果している現役の設備であるが，「まねきゲート」と呼ばれる方式で現存するわが国最古の例であり，貴重な歴史的施設である．

# 012　石井閘門

| | |
|---|---|
| 設 置 場 所 | 宮城県石巻市蛇田字鏡谷地内 |
| 設 置 河 川 | 北上運河 |
| ゲート形式 | マイタゲート |
| 設 置 門 数 | 2 |
| 寸　　　法 | 径間6.2m×扉高6.18m（上流）<br>　　　　　6.2m×　　 4.37m（下流） |
| 建 設 年 | 明治13年（1880） |
| 事 業 者 | 内務省（東北地方建設局） |
| 施 工 会 社 | 内務省 |

## 現存最古のマイタゲート
## 東北の重要な運河設備に

　石井閘門は，宮城県石巻市の旧北上川と北上運河の合流地点に，明治13年に内務省が築造したもので，扉体形式にマイタゲートが採用された現存するわが国最古の設備である．この事業の計画・実施にあたって，当時の内務省土木局長石井省一郎の活躍するところが大きかったことから，その功績を讃え当時の松平正道宮城県知事が「石井閘門」と命名したものである．

　通船用として設置された閘門のゲート設備の寸法は，上流側が径間6.2m，扉高6.18mで，下流側が径間6.2m，扉高4.37m各1門で，全体として明治期のものらしく堅牢，簡潔な構造物であり，マイタゲートの採用が上方に構造物の少ない整った姿をいまも残している．

　この閘門は，通船用として物資の輸送に使用され，北上川流域の経済発展に大きく寄与し，伊達政宗が開削した運河・貞山堀に設置された七北田南閘門とともに，東北の重要な運河設備の一つとして有名であるが，水門技術史的にも初期のマイタゲートとして貴重な設備である．

# 013　村田ダム・取水設備

| | |
|---|---|
| 設 置 場 所 | 宮城県柴田郡村田町足立 |
| 設 置 河 川 | 阿武隈川水系荒川（1級河川） |
| ゲート形式 | 傾斜型円形多段式ゲート |
| 設 置 門 数 | 1 |
| 寸　　　法 | 口径 φ0.7〜1.30m×扉高18.30m |
| 建 設 年 | 昭和54年（1979） |
| 事 業 者 | 宮城県 |
| 施 工 会 社 | （株）栗本鐵工所 |

## 傾斜型円形多段式ゲート
## 審美性にも優れている点が特徴に

　村田ダムは，宮城県が村田町足立の阿武隈川水系荒川に，昭和54年に建設した治水・灌漑用ダムである．その灌漑用取水設備に，設備があまり目立たぬよう貯水池沿岸の地山勾配にそわせて傾斜設置した円形多段式ゲートが採用された．この形式の採用例はわが国初のことである．

　円形多段式ゲートには，設置位置による分類として，独立塔形，堤体設置形，地山設置傾斜形があるが，村田ダムの場合は地山設置傾斜形である．この形式は，扉体に作用する荷重を直接地山に伝達させる構造であり，塔体はスクリーンを取付けるための受桁でもあるため斜長の分だけ扉体重量は増加することになるが，経済性は，総合的に判断して他の形式と比較しても遜色はない．ちなみに，このゲートの寸法は口径が0.7〜1.3m，扉高は18.3mである．

　また，地山の傾斜勾配にそって取水設備が取付けてあるということは，審美性にも優れていることを意味し，取水設備に新しい道を開いた．まだ設置例は少ないが，今後普及の可能性がある．

## 014　素波里ダム・取水設備

| 設置場所 | 秋田県山本郡藤里町粕毛字鹿瀬内沢国有林 |
|---|---|
| 設置河川 | 米代川水系粕毛川（1級河川） |
| ゲート形式 | ヒンジパイプ式取水ゲート |
| 設置門数 | 1 |
| 寸法 | 口径 φ1.0m |
| 建設年 | 昭和45年（1970） |
| 事業者 | 秋田県 |
| 施工会社 | 長井工業㈱ |

### 無動力の表面取水システム
### フロートに追従する屈折型導水管

　素波里ダムは，秋田県が藤里町の米代川水系粕毛川に，昭和45年に建設した多目的ダムである．ここに設置された取水設備には，ヒンジパイプ式ゲートが採用された．ダムの最高水位と最低水位との差は39mもあるため，導水管も長くなる．そのため，導水管の途中にもヒンジを設けて設備の安定を高めた構造となったが，フロートに追従する無動力の表面水取水設備となっていることが最大の特徴となっている．

　この取水設備の構造は，ダム底部に固定されたヒンジを回転中心として，導水管が湖水表面に浮ぶフロートに接続されている．フロートには表面水取水用の呑口が取付けられ，フロートと導水管はヒンジで接続されている．ダムの水位が変動しても，フロートが水面に追従することにより常に表面水を取水することが可能となっている．表面水を取水する際はフロートの浮力を利用するため，動力は不要である．

　この導水管システムは最大取水量も $10m^3/s$ あり，この形式としては最大級で，地域に大きく貢献する設備となっている．

# 015　萩形ダム・非常用洪水吐ゲート

| | |
|---|---|
| 設 置 場 所 | 秋田県北秋田郡上小阿仁村南沢字小阿仁奥山国有林 |
| 設 置 河 川 | 米代川水系小阿仁川（1級河川） |
| ゲート形式 | ラジアルゲート |
| 設置門数 | 1 |
| 寸　　　法 | 径間9.500m×扉高11.932m |
| 建 設 年 | 昭和41年（1966） |
| 事 業 者 | 秋田県 |
| 施工会社 | （株）田原製作所 |

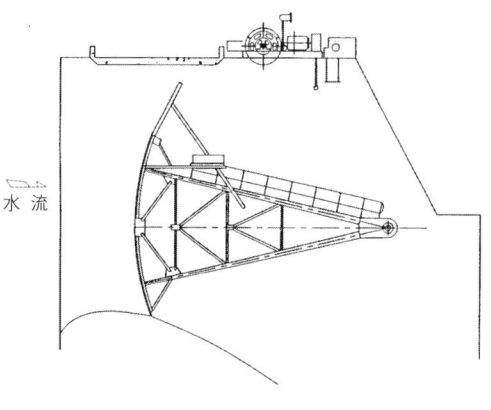

## 背面巻きクレストラジアルゲート
## 現在形の基本となる一号機

　萩形ダムは，秋田県が上小阿仁村の米代川水系小阿仁川に，小阿仁川総合開発の一環として昭和36年に着工，41年に完成した重力式コンクリートダムである．計画洪水流量650m³/sのうち600m³/sを調節して下流の計画洪水流量を低減するとともに，灌漑用水の補給と流水の正常な機能維持増進，および新設された杉沢発電所で最大15 500kWの発電を行うことなどを目的としている．このダムのゲート設備としては，ダム越流頂にフラップ付ラジアルーゲート1門，ダム下部に常用洪水吐ゲート1門と予備ゲート1門が設けられた．
　このフラップ付テンダーゲートは，ゲート巻上方式として単胴複索背面巻上型（1M1D）の巻上機を採用しているが，この方式としての国内第1号機である．ちなみに，単胴複索型とは，ゲート操作のために扉体両端部に掛けまわされている2本のワイヤロープを一つのドラムで巻取る方式のことである．
　従来は，扉体の前面（スキンプレート上流部）にワイヤロープの一端を固定する方式がとられていたが，扉体の背面（下流側）に固定する方式は，ロープが水につからないという利点がある．現在ではラジアルゲートの巻上方式はすべてこの背面式になっており，萩形ダムはその先駆けとなるものである．

# 016　八郎潟干拓防潮水門・防潮ゲート

| | |
|---|---|
| 設 置 場 所 | （右岸）秋田県男鹿市船越地先 |
| | （左岸）秋田県南秋田郡天王町地先 |
| 設 置 河 川 | 八郎潟 |
| ゲート形式 | ローラゲート |
| 設 置 門 数 | 10 |
| 寸　　　法 | 径間20.00m×扉高4.00m（9門） |
| | 14.00m×　　4.00m（1門） |
| 建 設 年 | 昭和35年（1960） |
| 改　　　築 | 昭和51年（1976） |
| 事 業 者 | 農林省八郎潟干拓事業所 |
| 施 工 会 社 | 佐藤鉄工（株） |

## 荒海より干拓地を守るシンボル
## 初期の大規模防潮干拓ゲート

　農林省は，面積22 000haとわが国では琵琶湖に次いで二番目に広い湖である八郎潟を埋立てて干拓農地とし，大規模機械農業を導入した日本農業のモデルとなる近代的農業社会を築こうと，国営八郎潟干拓事業を計画した．この計画は昭和32年（1957）に着手され，八郎潟干拓防潮水門は，その計画の一環として昭和35年に竣工した．水門設置の目的は，外海からの海水遮断と，干拓地周辺地域からの流出水を外海へ確実に排出することである．

　水門は干拓地内の調整池と日本海を結ぶ延長1.9kmの船越水道の調節池側に設けたもので，10門のローラゲートからなる可動部219mと固定部171mで構成され，総延長390mの，当時としては画期的かつ大規模なものであった．また，ゲート操作は干拓地内調節池と外海の水位条件により機側または遠隔で行うようになっている．

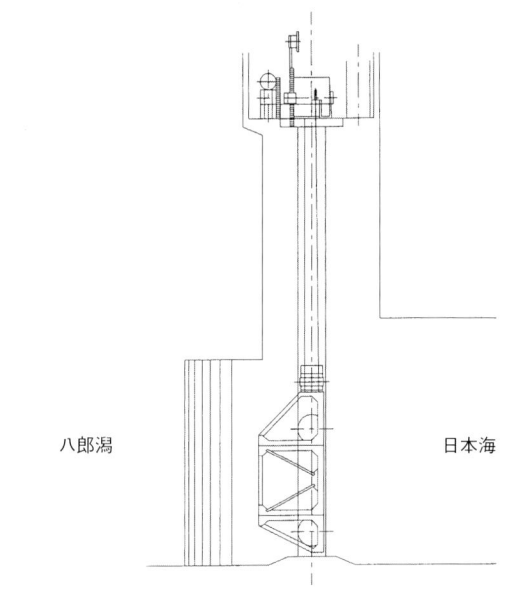

　この水門は，建設後三度にわたる大地震，中小規模の洪水，波浪，塩水の遡上等の影響を受けたが，その機能を十分果しており，今日も八郎潟干拓事業のシンボルとして，荒海の日本海から干拓地を守っている．

## 017　寒河江ダム・非常用洪水吐ゲート

| | |
|---|---|
| 設 置 場 所 | 山形県西村山郡西川町大字砂子関 |
| 設 置 河 川 | 最上川水系寒河江川(1級河川) |
| ゲート形式 | フラップゲート |
| 設置門数 | 4 |
| 寸　　　法 | 径間14.0m×扉高3.00m |
| 建 設 年 | 平成2年(1990) |
| 事 業 者 | 東北地方建設局 |
| 施工会社 | (株)栗本鐵工所 |

### 初のダムフラップゲート
### 堤頂に突起のない景観的に優れた設備

　寒河江ダムは，山形県西川町砂子関の最上川水系寒河江川に，東北地方建設局の手で平成2年に建設された中央コア型ロックフィルの多目的ダムである．このダムの非常用洪水吐ゲートにはフラップゲートが採用されたが，これはわが国のダムでは初採用例となった．

　この設備は，水圧荷重を扉体背面の2本の油圧シリンダで支持する方式のため，水圧荷重と自重によって無動力で起伏させることができる特徴をもっているところから，非常時の洪水吐としての信頼性が高い．

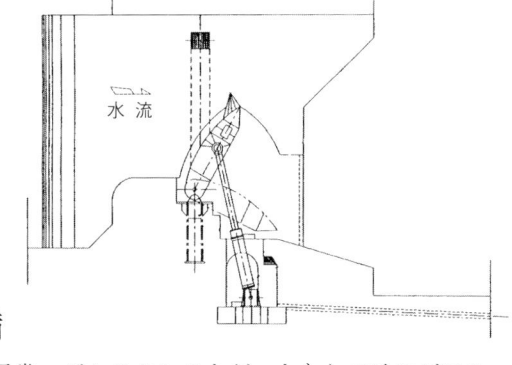

　通常，ダムのクレストゲートとしてはラジアルゲートかローラゲートが設置される例が多く，フラップゲートが採用される例は少ない．しかし，ラジアルゲートもローラゲートも堤体頂上に開閉装置を設置する例が多く，とくにローラゲートの場合は戸当り金物が堤体頂上部から突出することになり，景観上好ましくない面を有している．その点，フラップゲートの場合は堤頂からの突出部がなく，審美性に優れた形式といえ，今後は採用の可能性を秘めている．

# 018　蓬莱発電所・取水堰堤可動堰

| | |
|---|---|
| 設 置 場 所 | 福島県伊達郡飯野町 |
| 設 置 河 川 | 阿武隈川(1級河川) |
| ゲート形式 | ストーニーゲート |
| 設 置 門 数 | 7 |
| 寸　　　法 | 径間14.00m×扉高6.30m |
| 建 設 年 | 大正12年(1923) |
| 改　　　築 | 昭和13年(1938) |
| 事 業 者 | 東北振興(東北電力(株)) |
| 施 工 会 社 | (株)田原製作所 |

## わが国最大のストーニーゲート
## 飢饉後の超特急工事としても特色

蓬莱発電所建設は，昭和7～8年(1932～33)にかけて発生した東北地方の大飢饉後に，その復興策の一環として阿武隈川中流域に計画されたもので，蓬莱ダムはその水源池として福島県飯野町に建設された．この事業主体は東北振興(現在は東北電力)であるが，復興事業ということから，ダム堰堤や堰堤から発電所までの約8kmの水路を，重機らしい重機もない時代に工期2年という驚異的な早さで完成させた．この点，土木事業としても画期的であった．

この堰堤には洪水吐ゲート7門，排砂ゲート1門，取水口ゲート5門が設置されているが，うち洪水吐ゲートにはストーニーゲート形式が採用された．この形式のゲートとしては門数・寸法ともわが国最大の規模を誇っている．また，ワイヤロープ巻取式開閉装置は，1本のワイヤロープをゲート両端部に掛け回し，20本掛け(片側10本)として扉体を吊る等ワイヤリングにも特徴をもっている．

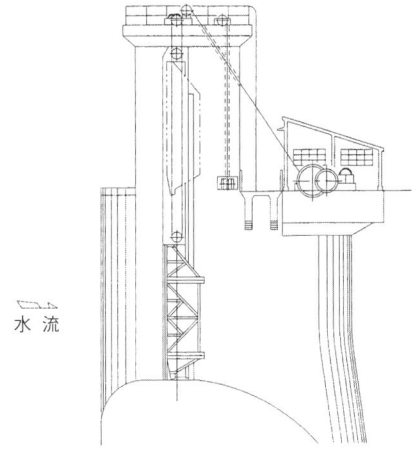

ストーニーゲートは，ローラに塵がかかることが原因で操作トラブルを起しやすいという難点が指摘されているが，蓬莱ダムでは設置後大きなトラブルもなく良好な機能を維持しており，60年たった現在も地域に密着した設備として利用されている．

# 019　片門発電所・制水ゲート

| | |
|---|---|
| 設 置 場 所 | 福島県河沼郡会津坂下町 |
| 設 置 河 川 | 阿賀野川水系只見川（1級河川） |
| ゲート形式 | 3枚ローラゲート |
| 設 置 門 数 | 5 |
| 寸　　　法 | 径間13.92m×扉高12.80m |
| 建 設 年 | 昭和28年（1953） |
| 事 業 者 | 東北電力（株） |
| 施 工 会 社 | 日立造船（株） |

## 戦後復興期の象徴的大型ゲート
## リングプレート接合3枚扉

　昭和26年5月に国策会社の日本発送電が地域別に分割され、新たに9電力会社が発足、翌年1月には電力開発5カ年計画が発表され、7月には電源開発促進法が公布されて、わが国の本格的電源開発がスタートした。阿賀野川水系の只見川で最初のプロジェクトとなったのが、東北電力による片門・柳津発電所建設であった。同発電所は福島県会津坂下町に昭和29年に完成するが、建設地点が只見川の最下流にあるため洪水流量が大きく、片門発電所堰堤制水門は当時最大規模のものとなった。

　径間13.9m、扉高12.8mという大型ローラゲートの設計は初めてであっただけに、さまざまな工夫が凝らされた。扉体に作用する大きな水圧を均等に戸当りに伝達するため、扉体を水平に3分割し、特殊なピン接合をするほか、戸当りを片側2条配置するなど、主ローラ構造にも特殊なものが採用された。

　当時、このようなピン接合の大型ローラゲート建設はわが国でも初めてのことであっただけに、事業者はじめ関係者の技術的検討はたいへんなものであった。しかし、その成果は後の丸山ダム堰堤制水門工事などに受継がれており、戦後復興期の象徴的プロジェクトの一つにあげられる。

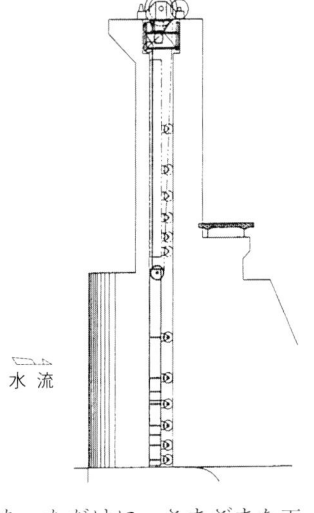

# 020　十六橋水門

| | |
|---|---|
| 設 置 場 所 | 福島県耶麻郡猪苗代町・河沼郡河東町 |
| 設 置 河 川 | 阿賀野川水系日橋川（1級河川） |
| ゲート形式 | ストーニーゲート（大正3年改良時） |
| 設置門数 | 16 |
| 寸　　　法 | 径間3.636m×扉高2.727m（13門）<br>　　　3.030m×　　2.727m（3門） |
| 建 設 年 | 明治15年（1882） |
| 改　　　築 | 大正3年（1914） |
| 事 業 者 | 安積疏水土地改良区 |
| 施工会社 | 大島要三（個人） |

## 稼働中最古のストーニーゲート
## 安積疏水による原野開発の礎に

　十六橋水門は，安積疏水の完成による猪苗代湖の水面低下に対応するためおよび流量調節のため，明治15年，福島県猪苗代町・河東町の阿賀野川水系日橋川の出口に，安積疏水土地改良区が築造したものである．建設当初は厚さ5寸の杉板をそれぞれ8枚はめ込んで流量調節していたが，大正3年にストーニーゲートに改築，現在も稼働しているわが国最古のゲートである．

　安積疏水は，オランダ人のお雇い外国人技師長ファン・ドールンの指導のもとに建設され，安積原野4 000haの開発と，疏水を利用した水力発電により工業都市への発展が図られた．これが，郡山市の原点になった．

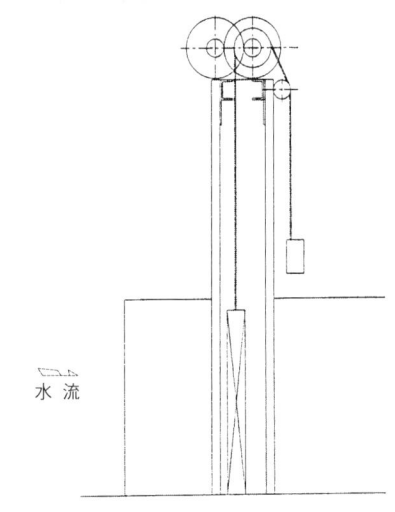

　疏水の建設は，当時最先端の近代水理学を駆使して基本設計されたものであるが，さらにフランス留学から戻った山田寅吉が詳細設計を行い，内務省が施工にあたった．西欧からの技術導入に始まった明治の土木事業が，急速に技術を吸収し，国産化に移行する過渡期の事業例でもある．また，猪苗代湖から日橋川に流下する位置に設けられた十六橋水門は，その重厚な形状が周囲と調和して落ちついた景観を生み出しており，また猪苗代湖の水位保持等，水理学的見地からも学術的価値の高い設備となっている．

## 鋼製ゲート百選　関東地区

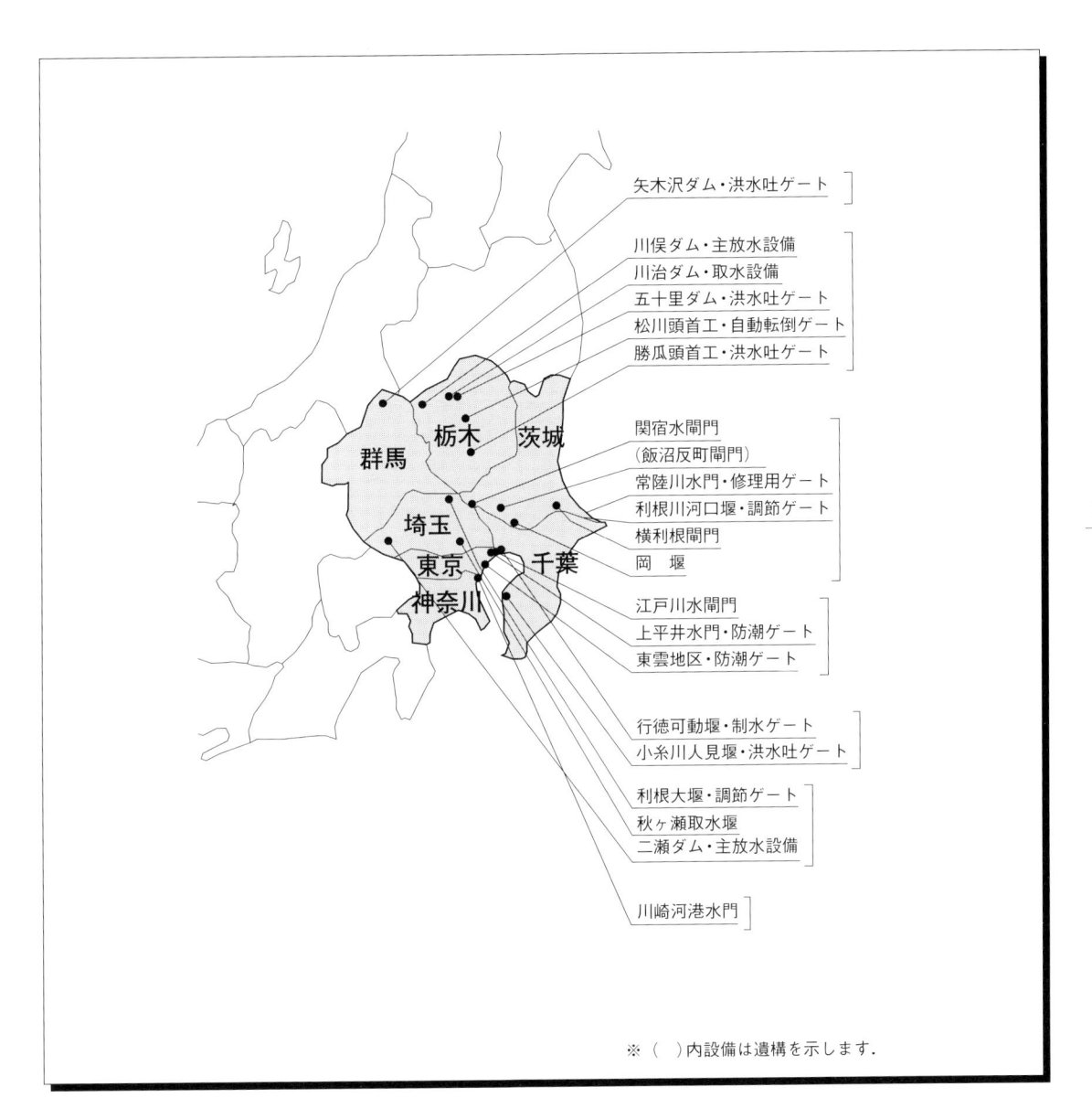

矢木沢ダム・洪水吐ゲート

川俣ダム・主放水設備
川治ダム・取水設備
五十里ダム・洪水吐ゲート
松川頭首工・自動転倒ゲート
勝瓜頭首工・洪水吐ゲート

関宿水閘門
（飯沼反町閘門）
常陸川水門・修理用ゲート
利根川河口堰・調節ゲート
横利根閘門
岡　堰

江戸川水閘門
上平井水門・防潮ゲート
東雲地区・防潮ゲート

行徳可動堰・制水ゲート
小糸川人見堰・洪水吐ゲート

利根大堰・調節ゲート
秋ヶ瀬取水堰
二瀬ダム・主放水設備

川崎河港水門

※（　）内設備は遺構を示します．

# 021　関宿水閘門

| | | |
|---|---|---|
| 設置場所 | 茨城県猿島郡五霞町山王地先 | |
| 設置河川 | 江戸川(1級河川) | |
| ゲート形式 | 水門 | 閘門 |
| | ストーニーゲート | マイタゲート |
| 設置門数 | 8 | 2 |
| 寸法 | 径間8.54m×扉高4.70m | 4.915m×8.540m |
| 建設年 | 昭和2年(1927) | |
| 事業者 | 内務省(関東地方建設局) | |
| 施工会社 | 内務省 | |

## 利根川と江戸川の舟運時代の面影残す
## 昭和初期のストーニーゲートとマイタゲート

　江戸川は，寛文5年(1655)，関宿城主板倉重常が，赤堀川から今上までの導水路を開削し，大井川と結んで命名したことに始まる．この江戸川の完成によって，利根川を遡上して江戸に至る一大舟運時代が築かれたのである．その後，明治33(1900)年に改修工事が計画されて，水閘門が設けられた．

　この改修工事は，舟運とともに，利根川の計画高水量を調節して一部を江戸川に分流，洪水災害の防止を目的としたもので，茨城県五霞町三王地先に内務省の手で建設した堰には，高水路と低水路が設けられ，低水路には8門のストーニーゲート，閘門にはマイタゲート2門を設置して通船路とした．この改修工事は昭和2年に完成した．

　江戸川の完成は，江戸経済の発展とともに，沿岸の野田，流山，行徳等の物産品集荷地の成立，発展に大きく寄与した．水閘門はその舟運の要にあたるところに設けられたもので，上部構造は大正時代の設計によるものだが，調和のとれたその姿は，河岸の両岸から水制をせり出すことによって狭窄部をつくり，洪水時に利根川から江戸川に過大な流量が流入しないようにした施設「関宿棒出し」とともに，往時の知恵を偲ばすに十分な文化遺産となっている．

## 022　横利根閘門

| | |
|---|---|
| 設 置 場 所 | 茨城県稲敷郡東村中島地先 |
| 設 置 河 川 | 利根川水系横利根川(1級河川) |
| ゲート形式 | マイタゲート |
| 設 置 門 数 | 大2, 小2 |
| 寸　　　法 | 径間10.908m×扉高7.27m<br>　　　　10.908m×　　 5.24m |
| 建 設 年 | 大正10年(1921) |
| 改　　　築 | 平成7年(1995) |
| 事 業 者 | 内務省(関東地方建設局) |
| 施 工 会 社 | (建設)内務省／(改築)川崎重工業(株)・(株)田原製作所 |

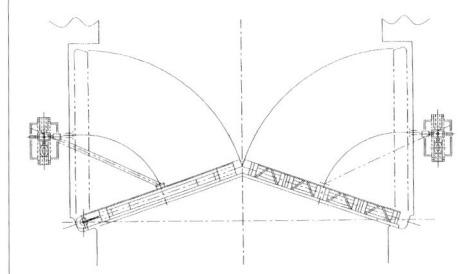

### 利根川と霞ヶ浦を結ぶ大正期の遺産
### 防災に配慮した画期的国産設備

　横利根閘門は，茨城県東村中島地先の利根川と霞ヶ浦をつなぐ横利根川の利根川合流口に，内務省が大正10年に建設したものである．この閘門は増水時でも船舶が航行できるよう大小門扉を一組とする複式閘門で，利根川が増水した時に洪水が霞ヶ浦に逆流しないよう，また霞ヶ浦の水位維持等防災にも配慮した画期的な近代化遺産といえるものである．さらに，当時の煉瓦・石による独特な様式を維持しつつ，先進技術をとりいれ日本人のみによってつくられた設備でもある．

　この閘門は鋼製リベット構造で，複式閘門のため両方向からの水圧を受ける．閘室内の水位調節は両川につながっている給排水管内のバルブの開閉で行い，水位はバブルを開けた側の川の水位と同じ高さになる．老朽化したため，平成7年に関東地方建設局の手で，扉体が建設当時の部材を最大限生かしてリベット接合により更新された．

　最近は，物資輸送船というより，漁船や釣り舟，モーターボート等の通行が増加，利用形態も変化，多様化してきているが，明治の利根川改修計画によって建設された建造物でいまも残る唯一のものである．今後ともこの閘門が古典閘門の原型を残すものとして人々の心，生活の中に息づいていくことを期待したい．

# 023 岡堰

| 設 置 場 所 | 茨城県北相馬郡藤代町岡 |
|---|---|
| 設 置 河 川 | 利根川水系小貝川(1級河川) |
| ゲート形式 | ローラゲート |
| 設 置 門 数 | 11 |
| 寸　　　法 | 径間4.2m×扉高4.1m |
| 建 設 年 | 昭和21年(1946) |
| 改　　　築 | 平成(1996)年11月下流に新岡堰が完成 |
| 事 業 者 | 内務省 |
| 施 工 会 社 | 内務省 |

## 400年の歴史を受継ぐ農業用取水設備
## 茨城百景に指定された関東三大堰の一つ

　茨城県藤代町の利根川水系小貝川に設けられている岡堰は，約400年前，徳川幕府令で土堤が築かれたのが始まりとなっている．その後，寛永7年(1630)に三代将軍家光の命で，郡代伊那半十朗忠治が恒久的な堰をつくった．さらにその後も数次にわたり改築がなされたが，昭和21年(1947)に内務省の手で可動堰が，昭和35年に洗堰が建設され，今日に至っている．ただし，平成8年，計画高水量の改訂に伴い，この岡堰の下流に新しく新可動堰が建設された．

　岡堰は，藤代町と取手市の約870haに潅漑用水を供給するという実用面でも現役の堰で，農業利水用の堰としては豊田堰，福岡堰と並び関東の3大堰と称されている．また，チェーン式の開閉装置を載せた堰柱は周囲の落ちついた風景とマッチし，茨城百景にも指定されている．

　なお，幕末の探検家で，サハリンとシベリア大陸の間の海峡発見者で知られる間宮林蔵は，この堰止工事の際に才を認められ，幕吏として取立てられ，蝦夷地の開発に従事するようになるきっかけになったという．

# 024 常陸川水門・修理用ゲート

| | |
|---|---|
| 設 置 場 所 | 茨城県鹿島郡波崎町宝山地先 |
| 設 置 河 川 | 常陸川(1級河川) |
| ゲート形式 | フローティングゲート |
| 設 置 門 数 | 1 |
| 寸　　　法 | 径間28.50m×扉高5.80m |
| 建 設 年 | 昭和47年(1972) |
| 事 業 者 | 関東地方建設局 |
| 施 工 会 社 | 川崎重工業(株) |

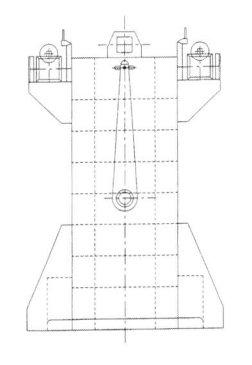

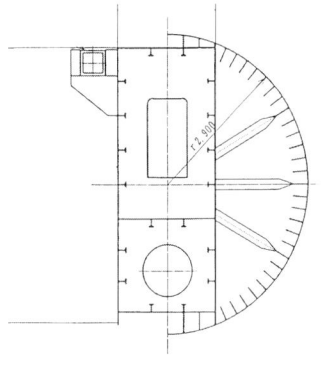

## ローリング式フローティングゲート 長径間ゲートの修理が可能に

　常陸川水門は、茨城県波崎町宝山地先の常陸利根川河口に、霞ヶ浦の浄化・淡水化のために設けられた潮止め水門で、関東地方建設局により昭和47年に建設された。ただし、海岸線に建設したため、満潮時には全開にできず、扉体の環境はすこぶる悪く、塗装も毎年実施しなければならない状態である。このため、水門の保守点検時に活躍できる設備として、わが国初のローリング式フローティングゲートが開発された。当初は1門であったが、現在は2門が稼動している。

　このローリング式フローティングゲートは、自分自身の保守点検が容易なように、いかに水陸両用を可能にするかが開発のポイントとなった。それを解決したのが、扉体全周を覆う大きな鍔を2個備え、ウインチで横引きするときに転がりながら引上げることができ、保守点検できるようにしたもので、常時は陸上に保管されている。

　この方式のゲートの技術は、後の淀川大堰のように径間が50mを超える長径間ゲートの修理用ゲートとして活躍するようになる。常陸利根川の河口で眺めることのできる巨大な鍔をもつ長方体は、まだ広く活躍の場がありそうだ。

# 025　利根川河口堰・調節ゲート

| | |
|---|---|
| 設 置 場 所 | 右岸：千葉県香取郡東庄町大字新宿地先<br>左岸：茨城県鹿島郡波崎町宝山地先 |
| 設 置 河 川 | 利根川（1級河川） |
| ゲート形式 | 2段シェル構造ローラゲート |
| 設 置 門 数 | 2 |
| 寸　　　法 | 径間45.00m×扉高7.00m |
| 建 設 年 | 昭和45年（1970） |
| 事 業 者 | 水資源開発公団 |
| 施 工 会 社 | 三菱重工業㈱ |

## 国内最大水量を堰止める
## 初の越流形2段扉シェル構造ゲート

　利根川河口堰は，銚子河口から18.5kmの千葉県東庄町と茨城県波崎町の地先に，昭和45年，水資源開発公団の手で建設された．塩水の遡上を阻んで塩害を防止するとともに，河口の潮位の変動に応じて流水の正常な機能を維持し，霞ヶ浦開発や北千葉導水路とも関連して，新たに首都圏の都市用水や農業用水を生み出すことを目的につくられた．わが国でも最も重要で代表的な堰堤ということができる．

　調整ゲートは国内初のシェル構造スライド式2段ローラゲートである．上段扉を河口側に，下段扉を上流側に設け，常時上下段扉を組合せて越流状態で使用する．越流方向は順流・逆流両方ある

ので，上下段扉を単独で操作可能とするため，戸当りと開閉装置は上下段扉用としてそれぞれ独立して設けている．

　このような水門の使用は世界でも類がないため，水理模型実験を行ったところ，特定の開度において大きな揚圧の作用することが判明したため，扉体の断面形状の変更および扉体の給排水孔の位置を最適配置にするなどの設計が行われた．国内で最も豊富な水量を有する利根川を堰止める堰である．また，管理橋は千葉県と茨城県を結ぶ幹線道路としても機能している．規模の雄大さとともに，技術的にも最も重要な設備の一つである．

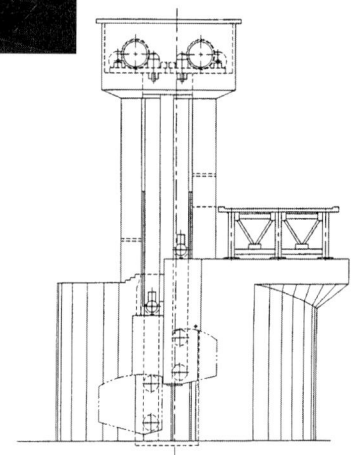

# 026　川俣ダム・主放水設備

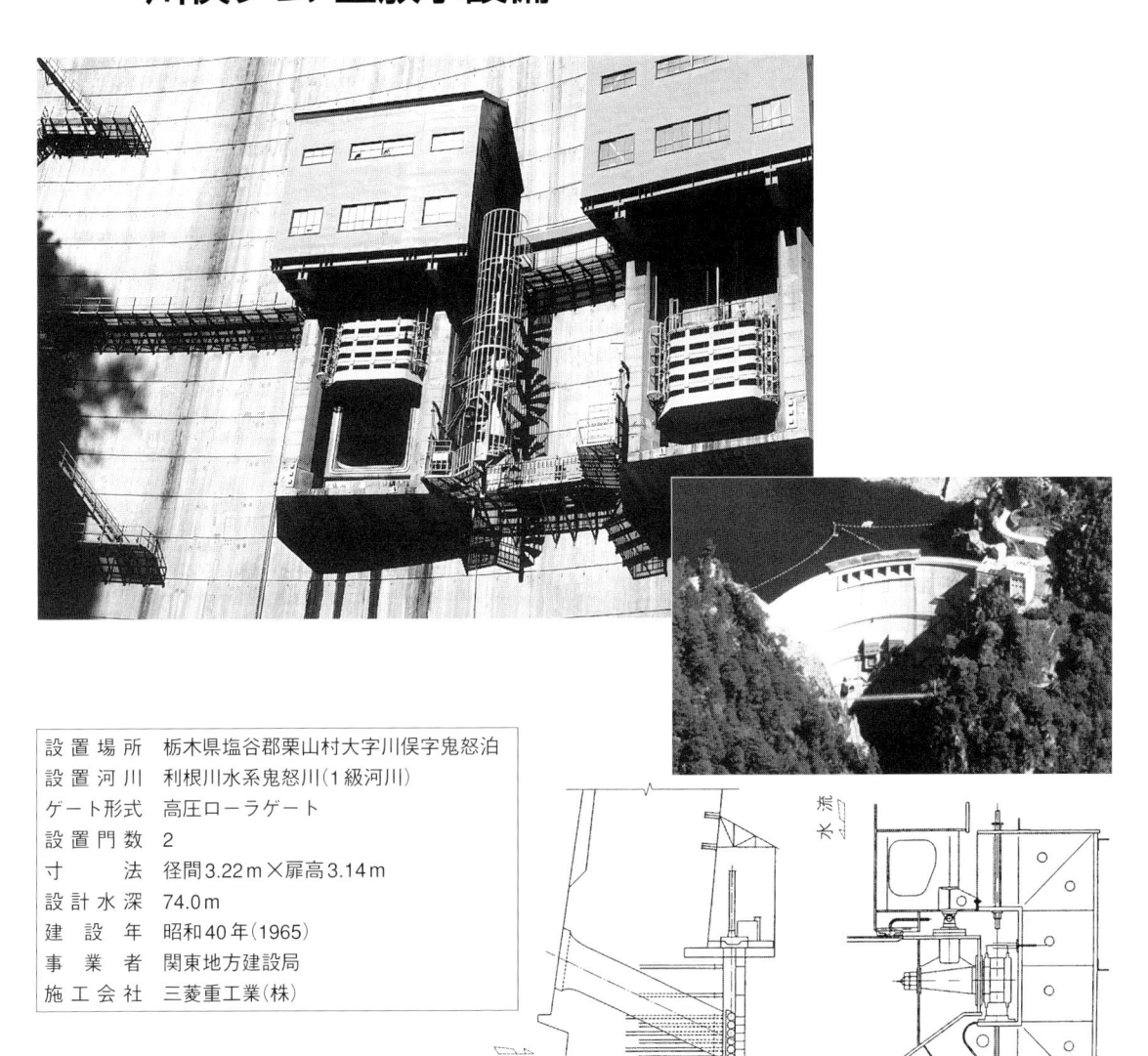

| | |
|---|---|
| 設 置 場 所 | 栃木県塩谷郡栗山村大字川俣字鬼怒泊 |
| 設 置 河 川 | 利根川水系鬼怒川（1級河川） |
| ゲート形式 | 高圧ローラゲート |
| 設置門数 | 2 |
| 寸　　法 | 径間3.22m×扉高3.14m |
| 設計水深 | 74.0m |
| 建 設 年 | 昭和40年（1965） |
| 事 業 者 | 関東地方建設局 |
| 施工会社 | 三菱重工業（株） |

## 奥鬼怒の峡谷に映える技術の成果
## 初の戸当り側ゴム圧着水密方式のローラゲート

　川俣ダムは，栃木県栗山村の利根川水系鬼怒川の最上流部に，鬼怒川改修計画の一環として関東地方建設局が昭和40年に建設したコンクリートアーチダムである．鬼怒川の洪水量を減少させるとともに，長期の流量調節，灌漑用水補給，発電等を目的に建設されたものであるが，その放水主ゲートに，戸当り側に額縁状のケーソンゴムを設けた圧着水密方式のローラゲートが，国内で初めて採用された．

　主ゲートは高圧ローラゲートで，全閉時，半開放流時の水密保持機構は，水密ゴムの背面に圧力水を導入することでゴムを扉体スキンプレートに押しつけて水密を確保するというものである．なお，ゲート操作時は水密を解除する．また，冬期にはゴム背面の水が凍結し，ゲート操作が不可能になるおそれがあるところから，冬期は不凍液を使用して操作に支障がないよう工夫している．

　水密ゴムを扉体側から戸当り側に転換した発想は，現在でも設計水深100mを超える超高圧ゲートに採用できるものであり，川俣ダムは，奥鬼怒の峡谷に映える本体の雄姿とともに，技術開発に果した功績は高い．

## 027　川治ダム・取水設備

| | |
|---|---|
| 設 置 場 所 | 栃木県塩谷郡藤原町大字川治字数老山319−6 |
| 設 置 河 川 | 利根川水系鬼怒川（1級河川） |
| ゲート形式 | 半円形多段ゲート |
| 設 置 門 数 | 1 |
| 寸　　　法 | 径間2.35m×扉高75.5m |
| 建 設 年 | 昭和54年（1979） |
| 事 業 者 | 関東地方建設局 |
| 施 工 会 社 | 石川島播磨重工業（株） |

### アーチダムの設計・施工技術の集大成 前面に半円形多段ゲートを採用

　川治ダムは，栃木県藤原町の利根川水系鬼怒川に，関東地方建設局が昭和57年に建設した堤高140mのわが国でも代表的な多目的アーチダムである．ダム建設の目的は，治水と灌漑・上水・工業用水を東京をはじめとする首都圏に供給することで，そのため，ダムの上流側に低水放流設備として高さ75.5mの4段式半円形選択取水設備が設置された．

　低水放流設備は，ダム貯水池表層のきれいで温かい水を取水し，下流へ放流する設備である．アーチダムは堤体の変位も大きく曲面形状をしている．このため堤体への付加拘束力が少ない半円形選択取水設備が採用された．この設備の取水量は最大$30m^3/s$で，取水した水は堤体内部を通り，下流の流量調節ゲートから放流される．放流量を調節するゲートには口径1.5mのジェットフローゲートが用いられており，その設計水深は110mにも達している．

　この設備はアーチダムに設けた珍しい例であるが，設計・施工技術の集大成と位置づけることができる．また，ダムロケーションはすぐ下流に川治温泉を要する観光のメッカでもある．ダム形状，周辺環境と合せ，長く人の心を爽快にさせ，なごませるだろう．

## 028　五十里ダム・洪水吐ゲート[25]

| 設 置 場 所 | 栃木県塩谷郡藤原町大字川治295-1 |
|---|---|
| 設 置 河 川 | 利根川水系鬼怒川（1級河川） |
| ゲート形式 | 高圧スライドゲート |
| 設置門数 | 1 |
| 寸　　　法 | 径間2.59m×扉高2.59m |
| 設 計 水 深 | 47.35m |
| 建 設 年 | 昭和29年（1954） |
| 事 業 者 | 関東地方建設局 |
| 施 工 会 社 | (株)酒井鉄工所 |

### 国産1号高圧スライドゲート
### 定期的に観光放流で地域に貢献

　五十里ダムは，大正15年（1926）にスタートした鬼怒川改修工事の一環として，洪水調節，灌漑補給，発電を目的に，栃木県藤原町の鬼怒川支流男鹿川に，昭和32年（1957）に関東地方建設局の手で完成した堤高112mの重力式コンクリートダムである．このダムの洪水調節放流管に設けられているのが高圧スライドゲートで，昭和29年に完成した田瀬ダムがアメリカからの輸入品であったのに対し，ここは同規模のもので国産第1号となった．

　ゲートの扉体は溶接構造で，旧JIS-SM41Wが使用された．溶接完了後応力除去の焼鈍を行っている．扉体のたわみ度は1/3000，最大曲げ応力は約560kgf/cm$^2$である．水密は扉体および戸当りに取付けた特殊青銅製の支圧板によって保たれている．シリンダは鋳鋼製で最高使用圧力に対し安全率4で設計されている．なお，ピストンは鋳鉄製である．

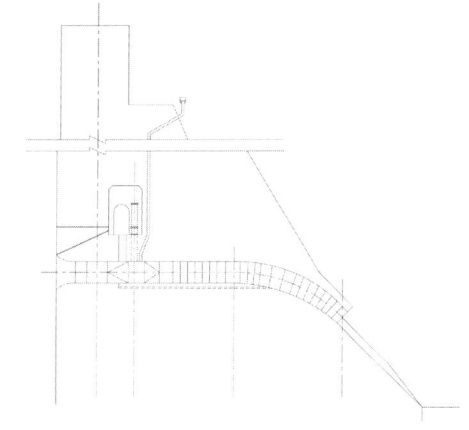

　五十里ダムの洪水調節能力は，洪水初期に全開，全閉操作により100m$^3$/s程度を放流するもので，その後効果を発揮しているが，ダムのすぐ下流に川治，鬼怒川の温泉や竜王峡の観光地をもつことから，定期的に観光放流も行っており，地域に密着した施設として親しまれている．

# 029　松川頭首工・自動転倒ゲート

| | |
|---|---|
| 設 置 場 所 | 栃木県塩谷郡塩谷村上平地先 |
| 設 置 河 川 | 鬼怒川(1級河川) |
| ゲート形式 | 転倒ゲート |
| 設 置 門 数 | 1 |
| 寸　　　法 | 径間9.0m×扉高1.70m |
| 建 設 年 | 昭和40年(1965) |
| 事 業 者 | 関東農政局 |
| 施 工 会 社 | 三菱重工業(株) |

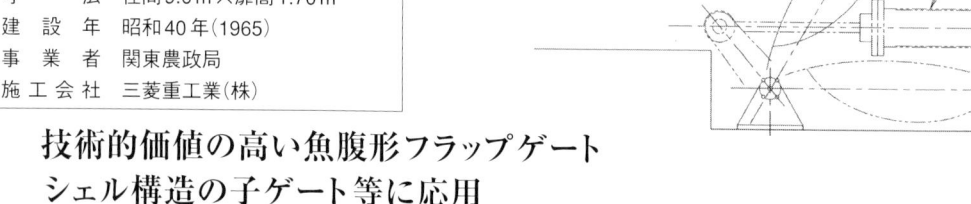

## 技術的価値の高い魚腹形フラップゲート
## シェル構造の子ゲート等に応用

　松川頭首工自動転倒ゲートは，関東農政局が栃木県塩谷村上平地先に，鬼怒川中部農業利水事業の一環として昭和40年に設置したものである．この自動転倒ゲートはドイツMAN社が開発した魚腹形フラップゲートで，それを導入，採用した国内第1号機である．そして，このゲートを設置して以来，周辺地域へ灌漑用水が安定供給されるようになった．

　同ゲートの扉体横断面は扉板と背板で構成した魚腹形をしており，ねじりに対する強さが非常に大きいため，長径間ゲートを経済的につくれるメリットがある．ちなみに松川頭首工のゲートの寸法は，径間9.0m，扉高1.7mである．また，駆動装置をピアの中に納め流水から遮蔽しており，駆動装置の保守点検が容易なことと，設備全体をシンプル化でき，景観的にも優れた形式といえる．

　同形式は，ねじりに強い構造体という特性をいかし，その後シェル構造ローラゲートの子ゲートとしても採用されるようになる．この形式の導入が果した効果はきわめて高いものであったといえよう．

# 030　勝瓜頭首工・洪水吐ゲート

| | |
|---|---|
| 設 置 場 所 | 栃木県真岡市勝瓜地先 |
| 設 置 河 川 | 利根川水系鬼怒川 |
| ゲート形式 | シェル構造ローラゲート |
| 設 置 門 数 | 2 |
| 寸　　　法 | 径間36.00m×扉高3.0m |
| 建 設 年 | 昭和44年(1969) |
| 事 業 者 | 関東農政局 |
| 施 工 会 社 | (株)栗本鐵工所 |

## 開閉装置に油圧モータ採用
## ローラゲートの設計に審美性を加味

　勝瓜頭首工は昭和44年，栃木県真岡市の鬼怒川に関東農政局が建設したものである．径間36m・扉高3mの洪水吐ローラゲート2門，径間10m・扉高3.3mの土砂吐ローラゲート2門，径間26m・扉高2.4mの洪水吐起伏ゲート2門，径間4m・扉高2.2mの取水スライドゲート2門から構成されている．鬼怒川の洪水調節と取水を目的に設置された．

　この設備の特徴は，開閉装置にすべて油圧モータを採用していることで，操作室に設置された油圧ユニットによりすべてのゲートの集中操作を可能とした．従来，長径間ローラゲートの操作は，電動ワイヤロープウインチ式が一般的であったし，その後もそうだから，油圧モータ採用はきわめて珍しい例といえる．

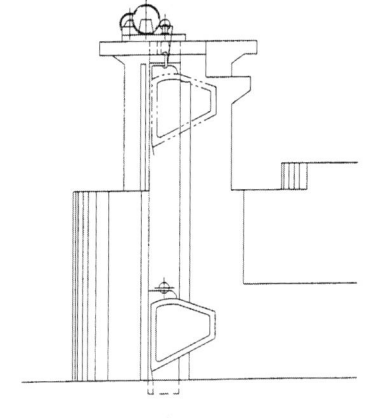

　この堰堤の長径間ローラゲートを備えた洪水吐，土砂吐ゲートの開閉装置は，油圧モータの回転数を小さくすることにより操作するので，電動式だと必要な減速機をなくすことができ，それだけ設計もコンパクト化できる．今後は，こうした水門の設計にも，見た目がいかつくない，スリムで審美性の高いものが要求されるようになってくると考えられる．その意味で，今後注目される方式といえよう．

# 031　矢木沢ダム・洪水吐ゲート

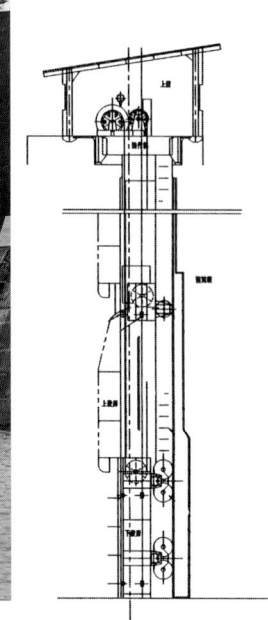

| | |
|---|---|
| 設 置 場 所 | 群馬県利根郡水上町大字藤原字矢木沢 |
| 設 置 河 川 | 利根川(1級河川) |
| ゲート形式 | 越流形フック式2段ローラゲート |
| 設 置 門 数 | 2 |
| 寸　　　法 | 径間9.50m×扉高10.40m |
| 建 設 年 | 昭和42年(1967) |
| 事 業 者 | 水資源開発公団 |
| 施 工 会 社 | 三菱重工業(株) |

## 関東最大の水がめとして機能
## 開閉操作を単純化した越流フック式2段ローラゲート

　矢木沢ダムは，群馬県水上町の利根川最上流部に設けた多目的ダムで，水資源開発公団により昭和42年に完成した．その洪水吐ゲートは，雪解けや梅雨，台風など大量に流入する水を溜込み，洪水を調整，軽減するために設けたもので，ダム地点における計画高水量900m³/sのうち600m³/sの洪水をカット，残り300m³/sを下流に流して下流地域を洪水から守る役割を果している．

　またゲートは，操作の容易なこと，およびピアをできるだけ低くして付近の景観と調和するよう越流形フック式2段ローラゲートを採用しているが，①扉体を重ねて巻上げるためピアの高さを半減，②戸当りは1条ですみ一枚扉と同程度の寸法，③上段扉を水面上に出して水圧荷重を減少させ，巻上動力に余裕が出てから下段扉を巻上げるため下段扉巻上速度を速くできる，④2段の扉体を1台の開閉装置で操作できる，⑤越流専用の機構，機械装置等を用いず単純な開閉操作で機能する，などの特徴をもっており，周辺の自然，気象にマッチしたシステムといえる．

　このダムの完成以降，関東最大の水がめとして，利根川上流の他ダム群とともに首都圏の利水，治水に大きな役割を果し，なくてはならぬ施設となっている．

## 032　利根大堰・調節ゲート[26]

| | |
|---|---|
| 設 置 場 所 | 埼玉県行田市大字須加字川船4369 |
| 設 置 河 川 | 利根川（1級河川） |
| ゲート形式 | フラップ付シェル構造ローラゲート |
| 設 置 門 数 | 4 |
| 寸　　　法 | 径間40.00m×扉高3.20m |
| 建 設 年 | 昭和43年（1968） |
| 事 業 者 | 水資源開発公団 |
| 施 工 会 社 | 石川島播磨重工業㈱ |

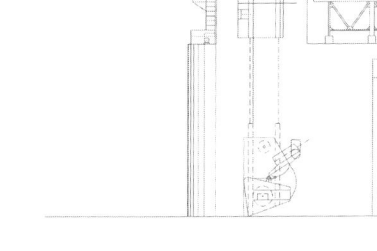

### 「利根川の水を首都圏へ」の夢実現
### 初のフラップ付シェル構造ローラゲート

　昭和43年8月，江戸時代に築造された葛西・見沼代用水等の取水口を統合して30000haの農地を潤すとともに，利根川と荒川を水路で結ぶことにより首都圏へ都市用水を供給するという利根導水路事業が水資源開発公団の手で完成した．この事業の要が利根大堰で，水量を調節して水位を維持する役割をになう調整ゲート4門と，土砂吐ゲート2門からなり，これらにはわが国で初めてフラップ付シェル構造ローラゲートが採用された．

　同ゲートは，薄肉閉断面（シェル）構造の扉体を有するローラゲートを下段とし，上段扉体には越流による水量調節のできるフラップゲートと呼ばれる起伏式のゲートを取付けたものである．採用にあたり，フラップゲートの実物大モデルテストによる構造解析理論の確立や，越流による水理的な振動の解析，あるいは河床の堆砂をゲート操作によって掃流排除する方法の検討，上下のゲートを単独に操作できるよう一体型親子ドラムを考案する等，現在でも多く用いられている堰設備を生み出した．

　同事業は，東京の水不足解消のため「利根川の水を首都圏へ」という夢を実現しただけでなく，その後の水門技術の発展に大きく寄与した点，価値の高いものといえる．

# 033　秋ヶ瀬取水堰

| | | |
|---|---|---|
| 設置場所 | 埼玉県志木市宗岡地先 | |
| 設置河川 | 荒川（1級河川） | |
| | 放流調節ゲート | 洪水吐ゲート |
| ゲート形式 | 2段式ローラゲート | 1枚シェル構造ローラゲート |
| 設置門数 | 1 | 3 |
| 寸法 | 径間10.00m×扉高6.10m | 45.00m×7.00m |
| 建設年 | 昭和39年（1964） | 昭和39年（1964） |
| 事業者 | 水資源開発公団 | |
| 施工会社 | 日立造船（株） | |

## 東京オリンピックを支える大型河口堰への発展過程の調整ゲート

　荒川の秋ヶ瀬取水堰は，埼玉県志木市地先に昭和39年，東京オリンピック開催にあわせ建設された．当時，東京の水不足は深刻で，この秋ヶ瀬取水堰と導水路（利根導水路）を建設して，オリンピック開催という東京の緊急の水需要に対応しようとしたもので，新しく設立された水資源開発公団の初仕事にもなった．

　この堰には制水ゲート3門と調整ゲート1門が設けられた．調整ゲートの扉体形式は2段スライド式ローラゲートで，越流水深が約2.7mと大きいため，親子タイプの2段式ゲートとした場合の下段扉にかかる大きな水圧荷重に対応するため，上段と下段が独立した構造を採用した．1条の戸溝内に奥行きを変えて上段扉用と下段扉用の2条の戸当りを配し，2段スライド式ゲートを納めるようにした点に特徴がある．また，3門の洪水吐制水ゲートは1枚シェル構造のローラゲートが採用された．

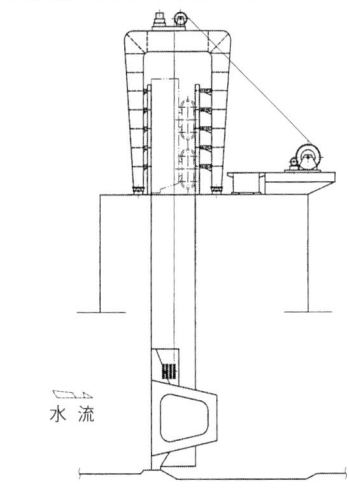

　この秋ヶ瀬取水堰の調整ゲートは規模的にも小さく，その後建設されるようになった大型の河口堰の調整ゲートは2条の戸溝に分離されるような構造になる．その意味でも，この調整ゲートは過渡的な形式といえる．

# 034　二瀬ダム・主放水設備

| | |
|---|---|
| 設 置 場 所 | 埼玉県秩父郡大滝村大字大滝 |
| 設 置 河 川 | 荒川(1級河川) |
| ゲート形式 | 高圧ラジアルゲート |
| 設 置 門 数 | 2 |
| 寸　　　法 | 径間5.00m×扉高3.222m |
| | 5.00m× 3.244m |
| 建 設 年 | 69.0m |
| 事 業 者 | 関東地方建設局 |
| 施 工 会 社 | (株)呉造船所(石川島播磨重工業(株)) |

## 初の高圧ラジアルゲート採用
## 大型,大水深水門発展の礎に

　二瀬ダムは,埼玉県大滝村の荒川最上流部に昭和37年に,関東地方建設局が建設した厚肉の多目的アーチダムである.このダムには,洪水調節を行うためにダム水面下69mの位置に,わが国では初めて高圧ラジアルゲート2門が設置された.放流量は2門で800m³/s.ゲートから放流する時の流速は約37m/sにもなり,放流量を制御するために高度な技術を要した.

　建設当時,このような大水深に設置することのできるラジアルゲートは皆無であったため,先進的な技術経験をもつアメリカの技術者を招き,設計技術について指導を受けた.また,多くの検討,開発実験を実施した結果,偏心軸を利用して扉体を前進させ,放流管吐口に設けた水密ゴムに圧着させる止水方式を採用した.この止水方式により大きな水圧荷重に対して安全,確実に止水できる.この高圧ラジアルゲートは,その後の高圧ゲート技術発展の礎,金字塔となるもので,62年に中国地方建設局の手で建設された弥栄ダムの水深69.5mに水深では一位の座を譲るが,現在でもその先駆的意義が変わるものではない.

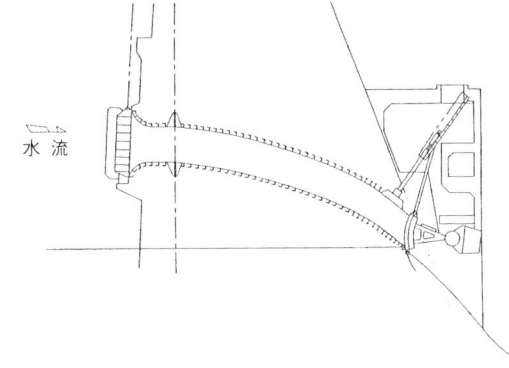

## 035　行徳可動堰・制水ゲート

| | |
|---|---|
| 設置場所 | 千葉県市川市行徳地先 |
| 設置河川 | 利根川水系江戸川（1級河川） |
| ゲート形式 | ローリングゲート |
| 設置門数 | 3 |
| 寸　　法 | 径間30.0m×扉高5.0m |
| 建設年 | 昭和30年（1955） |
| 事業者 | 関東地方建設局 |
| 施工会社 | （株）播磨造船所（石川島播磨重工業（株）） |

### 江戸川流域を塩害から守る
### 最後のローリングゲートに乾杯

　行徳可動堰は，千葉県市川市行徳地先の江戸川の河口近くの行徳橋に沿って，上流の水位を一定に保ち水道用水等の安定取水を確保するとともに，洪水時には門扉を開け洪水流下を妨げることのないようにすることを目的に，関東地方建設局が昭和30年に建設した．可動堰にはローリングゲートが採用されたが，地盤沈下のため昭和50年（1975）に扉体天端に50cmの嵩上げを施し，さらに海水腐食の激しい部分の改修工事を平成11年に実施した．

　同ゲートは円筒形状をした扉体を横に寝かせた状態で水を貯留するもので，扉体両端に取付けられたワイヤロープを巻取ることにより，回転しながら斜めに開閉する構造となっている．扉体端部には開用のアンカーチェーンと閉用のセイフティチェーンが取付けてあり，開閉時にゲートが滑ることなく確実に回転させることができる．

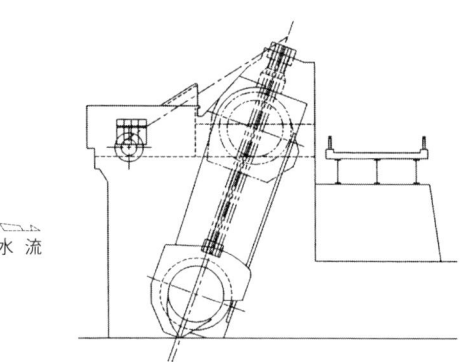

　コンクリート製堰柱の形状はシンプルで，開閉操作室の張出しもなく，高さも低く抑える工夫もなされているゲートであり，この形式は長径間ゲートとして大正年間から設置されてきたものの，この行徳可動堰を最後に他の形式に変わってきた．その意味で，このゲートは貴重な水門遺産でもある．

# 036 小糸川人見堰・洪水吐ゲート

| | |
|---|---|
| 設置場所 | 千葉県君津市人見地先 |
| 設置河川 | 小糸川(2級河川) |
| ゲート形式 | 逆フラップ付シェル構造ローラゲート |
| 設置門数 | 3 |
| 寸　　法 | 径間25.40m×扉高2.489m |
| 建設年 | 昭和54年(1979) |
| 事業者 | 千葉県 |
| 施工会社 | 石川島播磨重工業(株) |

## 波浪の影響排除に発想を逆転
## 唯一の逆フラップ付シェル構造ローラゲート

　君津市内を流れて東京湾に注ぐ小糸川を人見地区で堰止め，製鉄をはじめとする君津市南部の工業用水を生み出そうと，千葉県が昭和54年に建設したのが人見堰である．堰下流は感潮域であり，満潮時には川の水位より海の潮位が高くなることもある．しかし，工業用水は真水しか受入れられないし，降雨期には堰を越流させて水を海側に放流しなければならない．このような要求に応えられるゲートとして，逆フラップ付シェル構造ローラゲートが採用された．

　一般に，フラップ付ローラゲートは上流側の水位を一定に保つために用いられる．しかし，下流が海でかつ潮位が比較的高い場合，波浪等がフラップゲートに作用するとゲートがあおられて危険であるとともに，うまく水位が調節できなくなる．そこで，発想を転換し，フラップの向きを逆にしたゲートを設計した．

　これにより，海側の波浪の影響を受けることなく，安定して上流の水位調節ができる仕組みができあがった．この形式のゲートは，わが国では他に見ることができない珍しいものであるが，こうした発想の柔軟性は今後に生きてくるだろう．

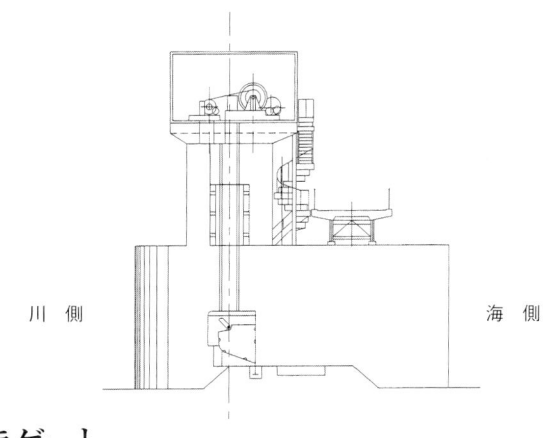

# 037-1 江戸川水閘門・水門

| 設 置 場 所 | 東京都江戸川区東篠崎地先 | |
|---|---|---|
| 設 置 河 川 | 江戸川（1級河川） | |
| ゲート形式 | ローラゲート | 2段式ローラゲート |
| 設 置 門 数 | 3 | 2 |
| 寸　　　法 | 径間10.0m×扉高5.02m | |
| 建 設 年 | 昭和18年（1943） | |
| 改　　　築 | 昭和46年（1971） | |
| 事 業 者 | 内務省（関東地方建設局） | |
| 施 工 会 社 | （建設）内務省／（改築）川崎重工業(株) | |

1枚扉断面図　2枚扉断面図

## ステンレスロープの優秀性を実証
## 都民の生活支えるローラゲート

　江戸川水閘門は，東京都江戸川区東篠崎地先の，江戸川放水路が開削されて分岐した旧江戸川の入口に，洪水調節，塩水遡上防止，および都市用水の供給を目的に，東京市水道局の委託を受け，内務省が直轄施工，昭和18年に完成したものである．その後，昭和46年に地盤沈下と老朽化が進んだため関東地方建設局がゲート設備を更新，5門とも同じ高さまで巻上げ可能にし，また，うち3門は従来通りの1枚扉であるが，2門は2枚扉で，越流放流も可能となった．

　この江戸川水門は流量調節と防潮水門として利用されているが，使用頻度が多く，かつ潮風の影響等によって，更新当初の炭素鋼のワイヤロープでは腐食，磨耗，素線切れが激しく，交換周期が短かった．そこで，平成1年（1989）にステンレスロープに取替えたが，その後は腐食，磨耗，素線切れも減少，感潮域での水門扉でのステンレスロープの優秀性を実証した形となっている．

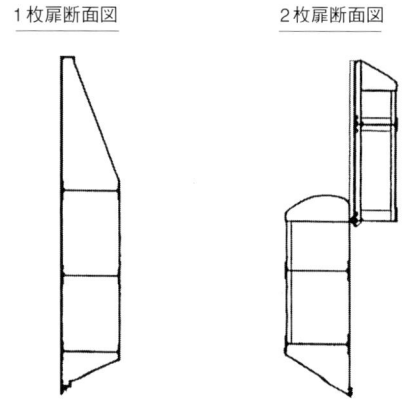

　江戸川は，江戸時代に開削して以来，灌漑，水運，そして都市用水として高度利用されてきた．この江戸川水閘門を要に，ウォーターフロント・水辺環境活用も含め，今後も都民の生活に重要な役割をになっていくだろう．

# 037-2 江戸川水閘門・閘門

| | |
|---|---|
| 設 置 場 所 | 東京都江戸川区東篠崎地先 |
| 設 置 河 川 | 江戸川（1級河川） |
| ゲート形式 | ローラゲート |
| 設 置 門 数 | 2 |
| 寸　　　法 | 径間 13.40m × 扉高 6.50m |
| 建 設 年 | 昭和18年（1943） |
| 事 業 者 | 内務省（関東地方建設局） |
| 施 工 会 社 | （建設）内務省 |

## 憩いの場としての価値高まる
## 都民の心の故郷ウォーターフロント

　東京都江戸川区東篠崎地先の江戸川放水路が分岐した旧江戸川の入口に，昭和18年に内務省が建設した江戸川水閘門は，ローラゲート形式の水門5門，閘門上下流各1門により構成されている．このうち閘門は船運のため設けたものであるが，通常は門を閉じている．そして，水門の管理橋は住民や軽車両（自転車・バイク）の通行の便に供されている．

　この管理橋から通じる江戸川の土手周辺では，日常，ランニングをしている人，犬を連れて散策している人，釣りをしている人，楽器の練習をしている若者の姿を見ることができる．また，水門の右岸側には，土手に面して桜が植えられており，花の季節には周辺住民の花見客で賑わいを見せる．

　江戸川は，江戸時代から住民の生活と密接なかかわりをもってきたが，「男はつらいよ」の舞台である柴又や河川敷，矢切の渡しなど，都民にとって心の故郷として思い浮かべる心象風景の一つでもある．都内ではあるが，ゆったりとした郊外の雰囲気，下町の気性を供えた憩いのゾーンとして，この水閘門のある環境を保全していくことが，今後とも大切なテーマとなっている．

# 038　上平井水門・防潮ゲート

| | |
|---|---|
| 設 置 場 所 | 東京都江戸川区上平井・葛飾区西新小岩3−45−12 |
| 設 置 河 川 | 荒川水系中川（1級河川） |
| ゲート形式 | ローラゲート（パイプトラス） |
| 設 置 門 数 | 4 |
| 寸　　　法 | 径間30.00m×扉高9.23m<br>　　　30.00m×　　9.50m |
| 建 設 年 | 昭和45年（1970） |
| 事 業 者 | 東京都 |
| 施 工 会 社 | 石川島播磨重工業（株） |

## 初のパイプトラス形式ローラゲート
## 安心，安定感で都民を高潮から守る

　上平井水門は，東京都江戸川区上平井と葛飾区西新小岩の荒川と中川の合流点に，昭和45年，高潮による中川の水位上昇で低地帯に大きな被害を及ぼすことがないよう，東京都が高潮対策事業の一環として建設した．そのゲートには，わが国初のパイプトラス形式のローラゲートが採用された．

　水門は4門からなるが，高潮を受止める際の水圧荷重は1700t/門にもなる．この巨大な水圧に耐えられるよう設計されたのが，フィーレンデール構造と呼ばれる剛接ラーメンで補剛された扉で，ちょうどトラス橋梁を横に寝かせた形となってい

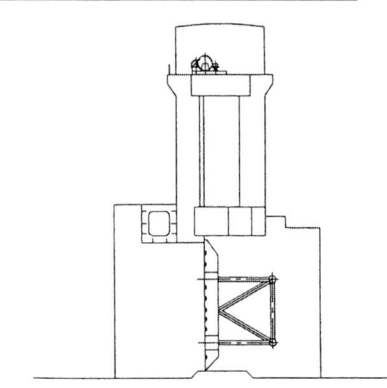

る．この形式は，わが国では他に見られないが，長径間で扉高の大きな水門では，軽量化が可能で経済的といえる．また，扉体を昇降させるときは抵抗を少なくするためローラが回転するが，水圧荷重を受けるときはローラが引込み，巨大な水圧荷重を支圧板で支持して，コンクリート堰柱へ安全に伝える工夫もなされている．

　この水門は高潮に備えて常時水面上に待機しているため，遠景に対する遮蔽感が強い．しかし，逆に防潮水門のもつ使命を力強さで示し，都民に安定と安心感を与えている．

## 039　東雲地区・防潮ゲート

| | |
|---|---|
| 設 置 場 所 | 東京都江東区豊洲5丁目 |
| 設 置 河 川 | |
| ゲ ー ト 形 式 | 横引ゲート |
| 設 置 門 数 | 1 |
| 寸　　　　法 | 径間6.00m×扉高2.30m |
| 建　設　年 | 1962(昭和37)年 |
| 事　業　者 | 東京都 |
| 施　工　会　社 | 石川島播磨重工業(株) |

### 初の陸閘横引きゲートを採用
### 都民の生活と財産を高潮から守る

　東雲地区防潮ゲートは，東京の下町，江東区豊洲の商工業地区で多くの運河がいりくんでいるところの運河沿いに，昭和37年に東京都が建設した高潮防潮堤のゲートである．道路部分には，堤防を横断させるわけにはいかないので「陸閘」と呼ばれる可動式ゲートを設け，通常は道路として利用しているが，高潮時には防潮堤の一部として機能する仕組みとなっている．

　この防潮ゲートは，幅6m，高さ2.3mの大きさがあり，通常は道路交通に支障のないよう道路から引込んで格納しているが，高潮時には道路を横切って締切る．ゲートの閉鎖にはクランクレバーを手動で回転させて移動させる構造となっており，定期的に閉鎖訓練を実施している．

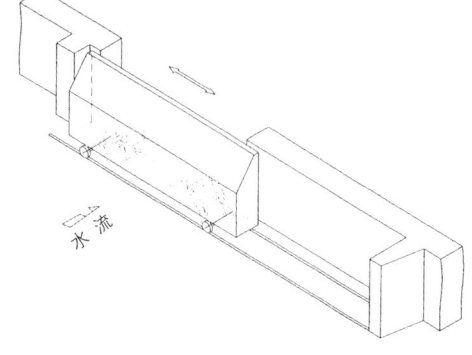

　「陸閘」には，横引き式，起伏式，回転式等があるが，この東雲地区の設備は横引き式の1号機といえるもので，建設当時は地盤沈下に悩むゼロメートル地帯であっただけに，防潮堤建設は深刻・緊急を要するテーマであった．無論，現在も都民の生活と財産を守る重要な設備であることに変わりはない．

# 040　川崎河港水門

| | |
|---|---|
| 設 置 場 所 | 神奈川県川崎市川崎区港町66 |
| 設 置 河 川 | 多摩川（1級河川） |
| ゲート形式 | スライドゲート（フロントローラ付） |
| 設 置 門 数 | 1 |
| 寸　　　法 | 径間9.01m×扉高7.40m |
| 建 設 年 | 昭和3年（1928） |
| 改　　　築 | 昭和61年（1986） |
| 事 業 者 | 川崎市 |
| 施 工 会 社 | 浦賀船渠(株)（現住友重機械工業(株)） |

## 幻の川崎大運河計画の名残り
## 戦前の日本最大級の閘門

　川崎市は，大正期に水運を利用した産業振興策として，多摩川から東京湾へ向けて幅40mの運河を堀り，港湾を整備しようという計画をたてた．川崎河港水門は，そのプロジェクトの最初の工事にあたるもので，川崎区港町の多摩川と運河の連結部に設けられた．大正15年（1926）に着工，昭和3年に完成したが，戦前のわが国では最大級の閘門であった．

　水門の扉体はリベット接合のフロントローラ式スライドゲートで，開閉装置はチェーン駆動，門柱内部にカウンターウェイトを内蔵させた型式となっている．現在は，扉体も溶接構造のものに取替えられ，外装も修復はされているが，クリーム色の門柱はリブ仕上げ，操作室の繰窓，丸窓，頂部のブドウとナシを形どったレリーフ，青い扉体，煉瓦色の護岸等，当時のデザインへの熱い思いが偲ばれる．

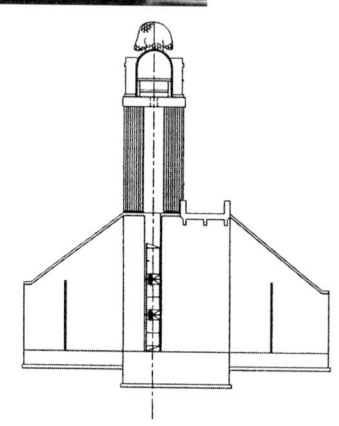

　川崎大運河計画は，第二次世界大戦激化の昭和18年（1943）に長さ200mまで開削したところで中止となってしまい，水路も戦後埋立てられ，いまは延長80mの舟溜を残すのみとなっている．ただし，水門は計画的に維持補修がなされて，水門としての機能も保持しつつ，往時の面影を残した川崎市の貴重な文化遺産として未来に遺されることになっている．

# 041　飯沼反町閘門

| | |
|---|---|
| 設 置 場 所 | 茨城県猿島郡神大実村大字神田山地内 |
| 設 置 河 川 | 利根川水系飯沼川(1級河川) |
| ゲート形式 | マイタゲート |
| 設 置 門 数 | 3 |
| 寸　　　法 | 不詳 |
| 建 設 年 | 明治33年(1900) |
| 事 業 者 | 茨城県 |
| 施 工 会 社 | 松本七郎左エ門 |

## 博物館に収まった明治のマイタゲート
## 利根川の氾濫から土地を守る

　茨城県神大実村飯沼反町地区のぼう大な耕地は，もともと湖沼を埋立てた低湿地のため，鬼怒川や利根川の氾濫のたびに，逆流によって数日間溜池化してしまっていた．飯沼反町閘門は，そうした悪水路に悩まされた地元の請願により，茨城県が明治31年に着工，33年に反町堤の修築と閘門を完成させたものである．

　茨城県西南部にある飯沼新田は東西約4km，南北約28kmの湖沼であったところを，享保年間(1716～1736)に開墾して31ヵ村，耕地3340余町歩を得たもの．ただし，天明年間の浅間山噴火により細砂が流下，利根川の川床を上げてしまい，その後一年として洪水被害のない年はないといわれたくらい農民を悩まし，疲弊させた．また，排水も開墾当時のようにうまくいかなくなった．そこで，明治に入って地元住民の強い対策要望が出るようになったのである．

　閘門はマイタゲートで，設計は工学士笠井愛次郎に委嘱，途中工事が遅れて工事請負人は工事延滞過怠金を徴収されたりするが，明治33年9月30日に竣工式が挙行された．現在，この閘門は茨城県の自然博物館に移設，当時の住民たちの苦節の跡を偲ばせている．

# 鋼製ゲート百選　中部地区

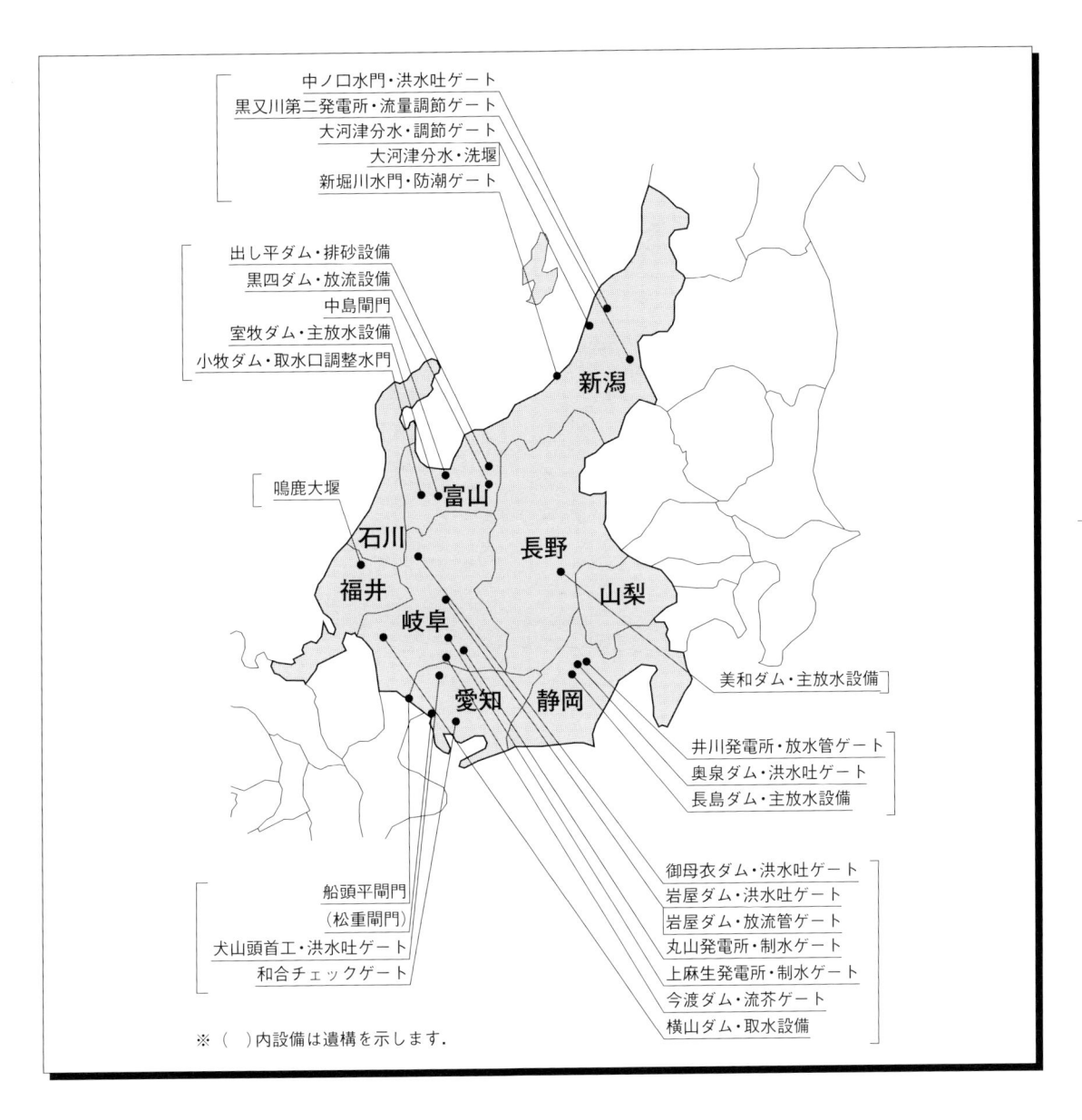

- 中ノ口水門・洪水吐ゲート
- 黒又川第二発電所・流量調節ゲート
- 大河津分水・調節ゲート
- 大河津分水・洗堰
- 新堀川水門・防潮ゲート

- 出し平ダム・排砂設備
- 黒四ダム・放流設備
- 中島閘門
- 室牧ダム・主放水設備
- 小牧ダム・取水口調整水門

- 鳴鹿大堰

新潟
富山
石川
福井
長野
岐阜
山梨
愛知
静岡

- 美和ダム・主放水設備

- 井川発電所・放水管ゲート
- 奥泉ダム・洪水吐ゲート
- 長島ダム・主放水設備

- 船頭平閘門
- （松重閘門）
- 犬山頭首工・洪水吐ゲート
- 和合チェックゲート

- 御母衣ダム・洪水吐ゲート
- 岩屋ダム・洪水吐ゲート
- 岩屋ダム・放流管ゲート
- 丸山発電所・制水ゲート
- 上麻生発電所・制水ゲート
- 今渡ダム・流芥ゲート
- 横山ダム・取水設備

※（　）内設備は遺構を示します。

# 042　中ノ口水門・洪水吐ゲート

| | |
|---|---|
| 設 置 場 所 | 新潟県燕市道金地先 |
| 設 置 河 川 | 信濃川水系中ノ口川（1級河川） |
| ゲート形式 | 昇降式フラップゲート |
| 設 置 門 数 | 2 |
| 寸　　　法 | 径間30.0m×扉高3.0m |
| 建 設 年 | 昭和53年（1978） |
| 事 業 者 | 北陸地方建設局 |
| 施 工 会 社 | 石川島播磨重工業（株） |

## 唯一の昇降式フラップゲート
## 創意工夫を凝らした設備に

　中ノ口水門は，新潟県燕市道金地先の信濃川から分派して下流の黒埼町で合流する延長34kmの派川中ノ口川の分派点に，北陸地方建設局が昭和53年に設置したものである．中ノ口川は，流域の地盤沈下によって流下能力が低下していたが，沿線には家屋連たん地区（集落，家屋が密集する地区）が多く引堤や堤防拡張は困難なため，水門を設置して洪水の流入規制を行うとともに，灌漑用水確保のための分流量調節を行う目的で設置されたのが中ノ口水門で，わが国では唯一の昇降式フラップゲートが採用された．

　この調整ゲートは，通常はフラップゲートとして越流による流量調節を行うが，洪水時には疎通能力を最大限発揮できるよう扉体を河道より引上げることができるようになっている．このような複雑な動きをワイヤロープのウインチによる巻取り，繰出しだけで行えるように工夫したところも特徴で，またウインチの操作には油圧モータを用い装置のコンパクト化を図っている．

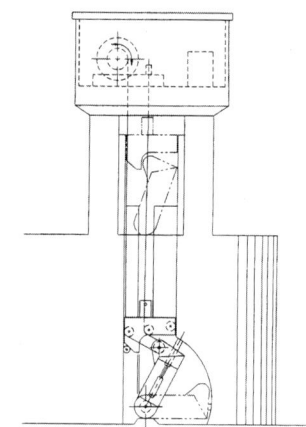

　従来の水門技術に創意と工夫を凝らし，まったく新しい機能をもたせたゲートとして，このような特殊な形式のゲートはここ一つだけであるが，逆に希少価値の高い設備である．

# 043　黒又川第二発電所・流量調節ゲート

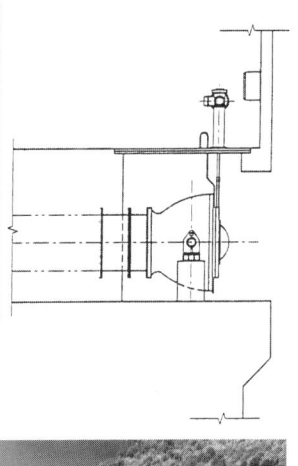

| | |
|---|---|
| 設 置 場 所 | 新潟県北魚沼郡入広瀬村大栃山字東山 |
| 設 置 河 川 | 信濃川水系破間川（1級河川） |
| ゲート形式 | ホロージェットバルブ |
| 設 置 門 数 | 1 |
| 寸　　　法 | 口径φ1.2m |
| 設 計 水 深 | 61.00m |
| 建 設 年 | 昭和38年(1963) |
| 事 業 者 | 電源開発(株) |
| 施 工 会 社 | 三菱重工業(株) |

## 放流のイメージ変えたバルブ
## 初のホロージェットバルブ採用

　黒又川第二発電所は，新潟県入広瀬村の信濃川水系破間川に，昭和38年，電源開発が建設したアーチダムの貯水池の水を利用して，最大出力17 000kWの発電を行う発電所である．このダムには発電用取水口のほか非常用放流設備が設けられているが，その主バルブには国内で初のホロージェットバルブが採用された．

　ホロージェットバルブは，アメリカのウェスチンハウス社から導入した技術であるが，放流調節用高圧バルブに適した形式で，放流水がバルブを通過する際に，中空状（ホロー状）の射流を形成し，この射流へスプリッタによって形成される空間から空気が十分混入されるため，流況の安定したソフトな放流水が得られる．流量係数は0.7．

　ホロージェットバルブは，その後流量係数を0.85に向上させるなど独自の改良を重ね，また，高精度の流量制御が可能であることから，黒又川ダムへの導入以降，小容量放流設備の主バルブとして各地に数多く設置されるようになる．その後，放流形式はジェットフローゲートが主流となるが，ダムの荒々しい高圧放流のイメージを変えた放流バルブということができる．

# 044-1 大河津分水・調節ゲート

| | |
|---|---|
| 設 置 場 所 | 新潟県西蒲原郡分水町 |
| 設 置 河 川 | 信濃川(1級河川) |
| ゲート形式 | ストーニーゲート |
| 設 置 門 数 | 10 |
| 寸　　　法 | 径間19.24m×扉高2.424m |
| 建 設 年 | 大正11年(1922) |
| 改　　　築 | 昭和6年(1931) |
| 事 業 者 | 内務省(北陸地方建設局) |
| 施 工 会 社 | (建設)内務省<br>(改築)(株)石川島造船所(石川島播磨重工業(株)) |

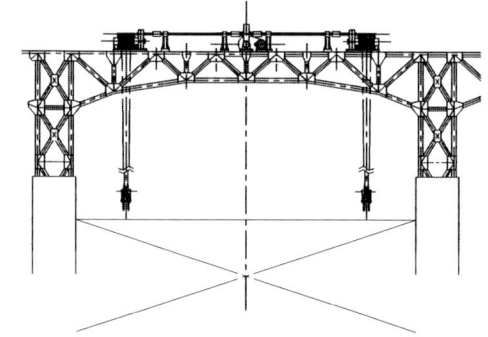

## 当初の自在堰に代わる昭和初期のストーニーゲート
## 越後平野を守る分水事業の要

　大河津分水路事業は，古来，信濃川の氾濫によりたびたび洪水災害に見舞われた越後平野下流部を守るため，明治2年，三条市の上流部に分水路を設け信濃川の洪水の全量を直接日本海に流してしまおうというプロジェクトがスタートした．財政難から工事の中断などもあったが，明治42年(1909)に内務省の手で工事が再開され，大正11年(1936)に完成した．

　新潟県分水町と寺泊町にまたがるこの大河津分水路の入口に，分水路事業の要として昭和11年に建設されたのは自在堰(ベアトラップ)と呼ばれる形式のゲートであるが，昭和2年6月24日，流水による洗掘作用で突然陥没するという事故にあったため，堰の改修工事に着手，昭和6年に延長200m，10門の鋼製ストーニーゲートからなる現大河津可動堰として生まれ変わった．

　大河津分水路は，豊かな実りをもたらす日本一の米どころ越後平野を信濃川の洪水から守る役割を果している．可動堰完成後，洪水被害はきわめて少なくなったし，いまもその役割を果し続けている．それとともに，分水路は桜並木の名所になるなど地域住民の心にすっかりしみ込んでおり，治水土木史上の重要な遺産の一つとなっている．

## 044-2 大河津分水・洗堰

| | |
|---|---|
| 設 置 場 所 | 新潟県西蒲原郡分水町 |
| 設 置 河 川 | 信濃川（1級河川） |
| ゲート形式 | ローラゲート |
| 設置門数 | 27 |
| 寸　　　法 | 径間4.15m×扉高2.05m |
| | 径間4.15m×扉高3.10m（改修後） |
| 建 設 年 | 大正11年（1922） |
| 改　　　築 | 昭和34年（1959） |
| | 最終改修昭和59年（1984） |
| 事 業 者 | 内務省（北陸地方建設局） |
| 施工会社 | （建設)内務省／（改築)桜田機械（株） |

### 大正時代初期のローラゲート
### 偲ばれる明治の先達の偉業

　大河津分水路は大正11年に完成，通水したが，分水口の自在堰（ベアトラップ）とともに，信濃川本川には洗堰と閘門が建設された．洗堰は，洪水時には水門を閉めて分水路の方に水を流し下流域の冠水被害を防ぎ，平水時には洗堰調節水門によって270m³/sの放流を行い，灌漑用水はじめ各種利水を行う目的で建設された．

　洗堰は，当初扉高2.05m，頂部に0.3mの角材を角落しとして2個積み重ね，上部から越流させる方式であったが，昭和34年に北陸地方建設局の手で2段式に改修，上部ゲートを操作する中間放流方式に，さらに昭和59年（1984）の改修では，1枚式ローラゲートの下端放流方式となった．様式の変化は，洗堰部の計画高水流量が当初は最大5570m³/sであったのが，昭和の改修時に11000m³/sに改訂されたのに対応したものである．

　分水路とこの洗堰の建設は，古来から続いた地域農民の悲願を達成させたものであったが，これらの施設はともに信濃川を堰止める堅牢な構築物で，堰部の水平ラインが強調された安定感のある景観は周辺平野部ともマッチしており，歴史を感じさせる落ち着いた資産ともなっている．

## 045　新堀川水門・防潮ゲート

| | |
|---|---|
| 設 置 場 所 | 新潟県中頸城郡大潟町字新田 |
| 設 置 河 川 | 新堀川 |
| ゲート形式 | フロート式フラップゲート付シェルローラゲート |
| 設 置 門 数 | 1 |
| 寸　　　法 | 径間18.0m×扉高2.65m<br>16.4m×　　0.5m（フラップゲート） |
| 建 設 年 | 昭和53年（1978） |
| 事 業 者 | 新潟県 |
| 施 工 会 社 | （株）丸島水門製作所（（株）丸島アクアシステム） |

### 初のフロート式自動開閉システム
### 越後の穀倉地帯守る

　新堀川水門は，越後の穀倉地帯を経て日本海へ流入する新潟県大潟町の新堀川河口感潮域に，農業用取水時期の海水の遡上，高潮の侵入を防止するため，新潟県が昭和53年に建設したものである．この目的を果すため，ゲートはフラップ付ローラゲートで，取水時期と高潮時のみ閉め，それ以外は全開となっている．

　ゲートの構造は，親ゲートの上部に水の浮力を利用して無動力で海側へ転倒が可能なフラップゲートを取付けたもの．川側水位が親ゲートの高さ以上になると，転倒して水を自然流下させ，海側の水位が満潮位に上昇すると，フラップゲートは密閉ボックス形状となっているため，浮力によって起立して，海側・川側の水位が同位置になるまでは完全起立状態となって親ゲート高さ以上の海水進入を防止できるというもの．

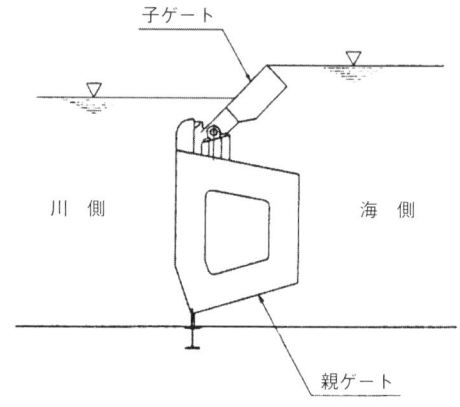

　現在，このように水の浮力を利用して自動開閉するフロート式フラップゲートはかなりあるが，建設当時は初めての試みとあって，据付けに際して，設計条件どおりに開閉するかどうか，浮力の調整を現地で行うなど苦労した．しかし，いまは見事にその機能を発揮して地元農民の期待に応えており，より地域に密着した施設となっている．

## 046 出し平ダム・排砂設備

| | |
|---|---|
| 設 置 場 所 | 富山県下新川郡宇奈月町 |
| 設 置 河 川 | 黒部川(1級河川) |
| ゲート形式 | 脚付ローラゲート |
| 設 置 門 数 | 2 |
| 寸　　　法 | 径間5.0m×扉高4.9m |
| 設 計 水 深 | 46.18m |
| 建 設 年 | 昭和60年(1985) |
| 事 業 者 | 関西電力(株) |
| 施 工 会 社 | 三菱重工業(株)・日立造船(株)JV |

### 大規模排砂に種々の技術的工夫 脚付ローラゲートの採用など

　出し平ダムは，関西電力が音沢発電所(最大出力124 000kW)への取水を目的として，昭和60年に富山県宇奈月町の黒部川本川の通称出し平地点に建設したもの．重力式コンクリートダムであるが，年間50万$m^3$の流砂が想定されるところから，最大粒径300mmの岩石を含む年間25万$m^3$の土砂を排出する設備2条を設置した．

　土砂排出設備は，①最も効率的，②機能分散による安全性向上，③大粒径土砂による損傷・磨耗防止対策，④細砂堆積による機能阻害対策，⑤メンテナンス機能，⑥輸送・据付け条件——等を考慮して計画・設計された．その結果，流量調節・流水遮断・流砂遮断機能をもたせた中間ゲートと，その上流側にメンテナンス時の止水機能をもたせた上流ゲート，下流側に中間ゲート故障時にその機能をもつ下流ゲートの3門のゲートで構成，機能分散による設備の安全性向上を図った．

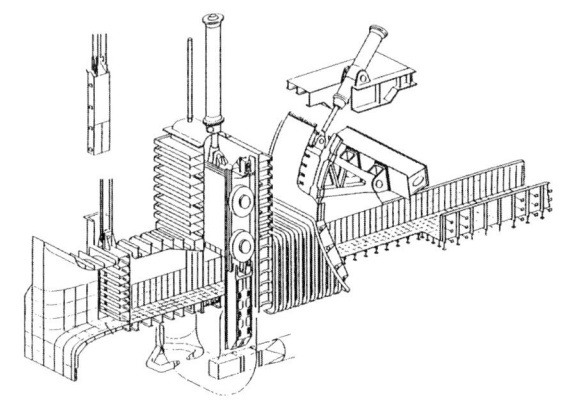

　また，大粒径土砂による損傷と磨耗を防止して排砂管内面を平滑化するため，排砂管内面を鋼種を変えたライニング材で保護するとともに，上流ゲートに戸溝保護枠，中間ゲートに脚付ローラゲートを採用した．

# 047　黒四ダム・放流設備

| | |
|---|---|
| 設置場所 | 富山県中新川郡立山町黒部奥山国有林 |
| 設置河川 | 黒部川（1級河川） |
| ゲート形式 | リングホロワゲート<br>ハウエルバンガーバルブ |
| 設置門数 | 1 |
| 寸　　法 | 口径φ1.5m |
| 設計水深 | 141.0m |
| 建設年 | 昭和35年(1960) |
| 事業者 | 関西電力(株) |
| 施工会社 | 石川島重工業(株)（石川島播磨重工業(株)）・(株)東芝 |

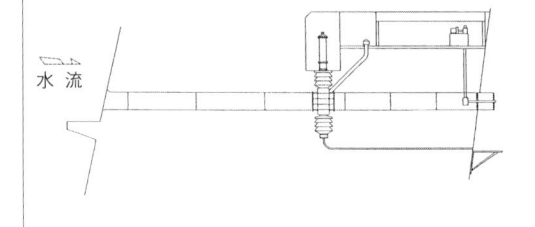

## 日本最大級ダムの放流バルブ
## 観光放流で人々の目を楽しませる

　黒部ダムは，関西電力が富山県立山町の黒部川最上流渓谷に，最大出力335 000kWの黒部第四発電所に発電用水を供給するための貯水池として，昭和36年に建設したものである．高さ186mのアーチダムは日本一の威容を誇っており，また難工事として小説や映画になるなど有名である．そして，この雄大なダムの景観に彩りを添えているのが放水設備である．

　放水設備は，ダムの中腹から2条の大放水をする口径1.5mのハウエルバンガーバルブで，そのバルブの上流部分に副ゲートとしてリングホロワゲートが堤体内部に設置されている．さらに，水深の深い水面下141mの位置に，同様の放水設備1条が設置されている．ハウエルバンガーバルブからの放流水脈は円錐状に広がる特性をもっており，空中で水のエネルギーが減衰するため，ダム下流の水脈落下点に対する衝撃が緩和される．

　黒部ダムは，現在「立山黒部アルペンルート」として長野県大町市から，あるいは富山市から立山大観峰を経て簡単に訪れることができる一大観光地である．その観光客をなごませるのが，放水で弧を描きながら拡散落下する水脈と，そこから発生する虹である．

# 048　中島閘門

| | |
|---|---|
| 設 置 場 所 | 富山県富山市中島2丁目字浦川原割3-2 |
| 設 置 河 川 | 富岩運河 |
| ゲート形式 | マイタゲート |
| 設 置 門 数 | 2 |
| 寸　　　法 | 径間9.090 m×扉高 5.765 m<br>　　　　9.090 m×　　　2.995 m |
| 建 設 年 | 昭和10年(1935) |
| 改　　　築 | 平成10年(1998) |
| 事 業 者 | 富山県 |
| 施工会社 | (建設)佐藤組(佐藤鉄工(株))/(改築)佐藤鉄工(株) |

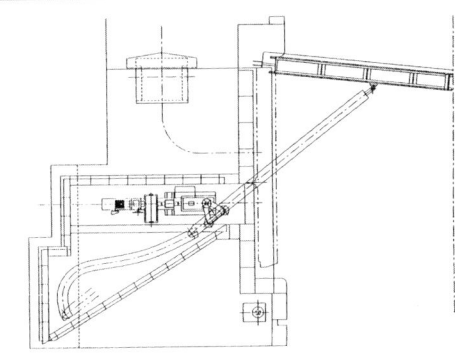

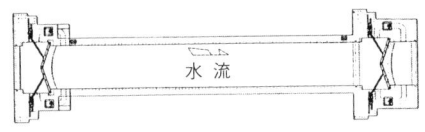

## 国の重要文化財に指定された初の施設
## パナマ運河方式の設備

　中島閘門は，富山市の神通川沿いに建設された富岩運河に，昭和10年に富山県が建設したもので，パナマ運河方式の閘門設備である．平成10年に閘門施設としては初めて国の重要文化財の指定を受けた．

　富岩運河は，神通川改修による廃川地を工業地帯化するため，原材料輸送手段として設けた約5kmの運河である．水深2～2.5mで，200t級の船が航行可能なように設計されたが，河床勾配の大きい神通川とほぼ同等の勾配をもつ運河では，港の海水面のまま水深を保ちながら合流点まで延長することは無理なため，運河のほぼ中間点に2.5mの水位差を調整する閘門を設けた．閘室躯体の戸当り部は精密に加工された石積構造となっている等，土木構造物として貴重な近代文化遺産であることが近年わかってきた．

　平成10年には，老朽化した閘門の扉体を建設当時のままに復元，扉体の接合には約15 000本のリベットを使用した．トラック輸送が主力の今日，運河を利用する船も限られるようになったが，60余年を経て重文として認められた施設である．貴重な文化遺産として利用，保存すべきものである．

## 049　室牧ダム・主放水設備

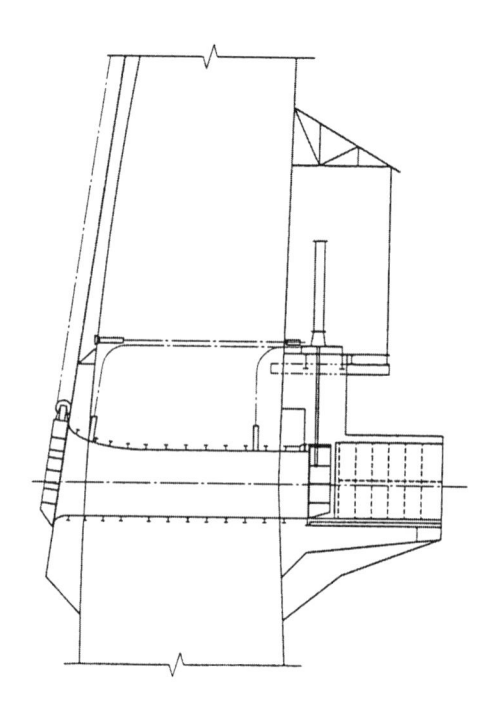

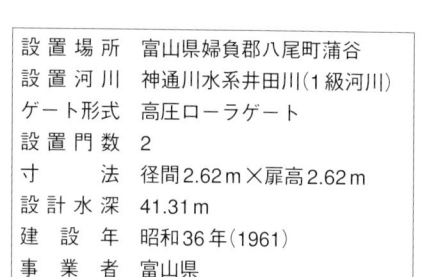

| | |
|---|---|
| 設 置 場 所 | 富山県婦負郡八尾町蒲谷 |
| 設 置 河 川 | 神通川水系井田川（1級河川） |
| ゲート形式 | 高圧ローラゲート |
| 設 置 門 数 | 2 |
| 寸　　　法 | 径間2.62m×扉高2.62m |
| 設 計 水 深 | 41.31m |
| 建 設 年 | 昭和36年（1961） |
| 事 業 者 | 富山県 |
| 施 工 会 社 | 三菱重工業㈱ |

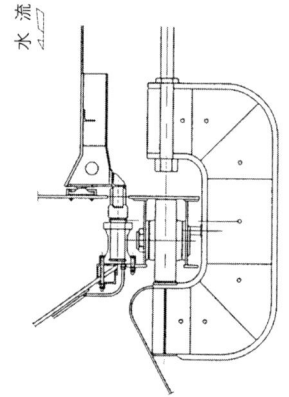

### 現在の水密方式の技術的基礎に初の3方ゴム圧着式高圧ローラゲート

　室牧ダムは，富山県が神通川水系井田川総合開発計画の一環として，八尾町に昭和36年に建設した多目的ダムで，流域3 000haの灌漑用水の補給，洪水調節による5 600haの耕地の安全確保，さらに発電を目的としたものである．このダム設備の主ゲートは高圧ローラゲートであるが，水密方式に国内で初めてゴム圧着式を採用した点が特徴となっている．

　この水密ゴムは扉体側に取付けられており，上部と側部はケーソン形ゴムを使用，全閉時および半開放流時には水密ゴムの背面に上流側の圧力水を導入して戸当り側の止水板に圧着することで水密を保持する構造である．ゲートの開閉操作時は，扉体に設置した4方弁により水密ゴム背面の圧力を解除して開閉荷重の軽減を図っている．なお，室牧ダムでは底部にシュートがあるため，平ゴムを使用して扉体自重および油圧シリンダによる圧着力により水密を保持する構造としている．

　高圧下で調節放流を行う主ゲートは，その水密性能が重要な要素となる．その後さまざまな改良が加えられることになるが，室牧ダムは現在のゴム圧着式の技術的基礎となった貴重な設備といえる．

# 050　小牧ダム・取水口調整水門[27]

| 設 置 場 所 | 富山県東砺波郡庄川町 |
|---|---|
| 設 置 河 川 | 庄川(1級河川) |
| ゲート形式 | 直線多段式スライドゲート(4段) |
| 設 置 門 数 | 9 |
| 寸　　　　法 | 径間4.572m×扉高18.486m(全伸時) |
| 建 設 年 | 昭和5年(1930) |
| 改　　　築 | 昭和54年(1979)(扉体のみ) |
| 事 業 者 | 庄川水力電気(株)(関西電力(株)) |
| 施 工 会 社 | (建設)庄川水力修理工場／(改築)佐藤鉄工(株) |

## 最古の直線多段式表面取水ゲート
## 初のエレベータ式魚道でも話題に

　小牧ダムは，富山県庄川町の庄川に発電や灌漑を目的に，昭和5年，庄川水力電気(現在は関西電力)が当時としては東洋一の規模を誇る多目的ダムとして建設したものである．当初，灌漑用取水については現在のような設備は計画されていなかったが，県の耕地課長が「貯水面より15m下位の水圧トンネルで取水するようになっているが，それでは水温が低く稲作に被害を与えるので，貯水池の表面水を取入れるようにすること」という意見書を提出，大正11年の発電設備認可の際の条件として，表面取水設備の設置が義務づけられ

たことにより，発電所取水口の上流に現在の4段扉表面取水ゲート8門が設けられたもの．

　このゲートは，現在よくある引っかけ式ではなく，4段の扉体を1段ずつ開閉固定する方式で，1台の移動式開閉装置により8門が操作できる構造となっている．

　このダムには，このほかわが国最初のエレベータ式魚道や，排砂設備にキャタピラゲートが取付けられたことでも有名である．そして，これらの設備は戦後ダムゲートの景観について論じた最初の技術者である石井頴一郎の指導で完成した．

# 051　鳴鹿大堰

| | |
|---|---|
| 設置場所 | 右岸：福井県坂井郡丸岡町東二ツ屋地先<br>左岸：福井県吉田郡永平寺町法寺岡地先 |
| 設置河川 | 九頭竜川（1級河川） |
| ゲート形式 | 起伏ゲート付段式ローラゲート |
| 設置門数 | 6 |
| 寸　　法 | 径間43.35m×扉高5.7m（4門）<br>　　　16.85m×　　5.7m（2門） |
| 建 設 年 | 平成6年（1994） |
| 事 業 者 | 近畿地方建設局 |
| 施工会社 | （株）栗本鐵工所 |

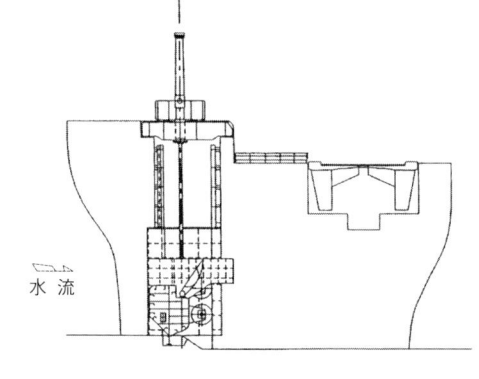

## 鹿のイメージをデザインに
## 初の油圧シリンダ直結式大型シェル構造

　鳴鹿大堰は，九頭竜川の河口から約30km，福井県丸岡町と永平寺町の地先に近畿地方建設局の手で平成6年に建設された．堰の目的は，洪水の防御，既存用水の安定した取水，堰下流の河川流量の確保を行い，河川環境および生物環境を向上させ，かつ水道用水を確保する等である．洪水吐，流量調節，土砂吐ゲートは起伏ゲート付2段式ローラゲートで，国内初の油圧シリンダ直吊り式の開閉方式を採用したのが技術的特徴となっている．

　油圧システムは種々の検討を重ねた結果，最新の技術を採用，例えば魚道は自然環境を十分考慮して水圧シリンダで駆動する方式が採用された．また，24時間コンピューターで管理され，ゲート状態が一目で判断できるようにグラフィック掲示器が設置されている等，先進の技術を駆使したわが国を代表する堰となっている．

　さらに，地域に伝わる鳴鹿伝説から，鹿をイメージするとともに，堰全体が管理橋に繋がっている「鳴鹿の船橋」を連想できるよう景観設計に重点をおいているのも，今後の堰設計のありようを示すものとして注目される．

## 052 美和ダム・主放水設備

| | |
|---|---|
| 設置場所 | 右岸：長野県上伊那郡長谷村大字非持<br>左岸：長野県上伊那郡高遠町大字勝間 |
| 設置河川 | 天竜川水系三峰川(1級河川) |
| ゲート形式 | オリフィスラジアルゲート |
| 設置門数 | 2 |
| 寸　　法 | 径間5.00m×扉高6.30m |
| 設計水深 | 16.879m |
| 建　設　年 | 昭和34年(1959) |
| 事業者 | 中部地方建設局 |
| 施工会社 | (株)呉造船所(石川島播磨重工業(株)) |

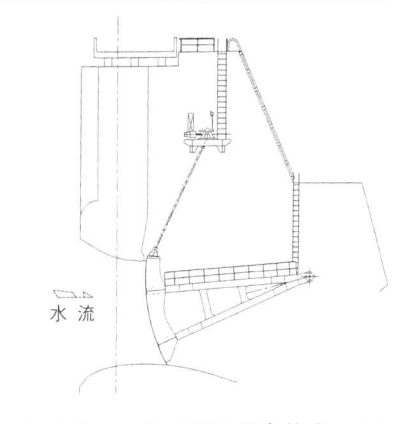

### クレストゲートの限界越え洪水吐設計を大改革 初のオリフィスラジアルゲート

　美和ダムは，中部地方建設局が長野県長谷村と高遠町の天竜川水系三峰川に治水，潅漑，発電を目的に，昭和35年に建設した多目的ダムである．このダムにわが国では初めて流量調節を可能とするオリフィスラジアルゲートが設置された．ダムの洪水調節容量を大きくするためには，従来のダム天端に設けるクレストゲートでは，ゲートの高さを大きくするにしても，経済的・技術的に限度があった．
　この問題を克服するために登場したのがオリフィスゲートである．高さの大きなクレストゲート扉体の上部をコンクリート製の壁に置き換え，ゲートそのものを小さくするとともに，ゲートを水面下に設けて洪水調節の自由度を飛躍的に高めることができる．ただし，ゲートは水面下に設置するため，四方水密となり，従来のクレストゲートにはない水密技術が必要となった．
　オリフィスゲートの出現は，その後のダム洪水吐設計に大きな変化をもたらしたが，美和ダムはその点で歴史的設備であるとともに，その後の目屋ダム，上市川ダムなどのオリフィスゲートにつながる先駆けでもあった．

# 053　御母衣ダム・洪水吐ゲート

| | |
|---|---|
| 設置場所 | 岐阜県大野郡白川村大字牧字ワルミ沢164－1 |
| 設置河川 | 庄川(1級河川) |
| ゲート形式 | ドラムゲート |
| 設置門数 | 1 |
| 寸法 | 径間12.00 m×扉高4.00 m |
| 建設年 | 昭和35年(1960) |
| 事業者 | 電源開発(株) |
| 施工会社 | 石川島重工業(株)(石川島播磨重工業(株)) |

## 現存最古のドラムゲート
## わが国に2例しかない貴重な存在に

　御母衣ダムは，岐阜県白川村牧を流れる庄川に昭和35年，貯水容量330 000 000 m³を誇るわが国でも代表的な大規模ロックフィルダムとして，電源開発により建設された．このダムには，洪水調節という目的を果すための2つの洪水吐があるが，径間12 m，扉高4 mの第2洪水吐には，ドラムゲートが設置された．ドラムゲートは本ダムと沖縄県の福地ダムの2か所しかない．

　ドラムゲートは，貯水池の水を利用して浮力でゲートを開閉させる形式で，小さなバルブを開閉するだけでゲートを動かすことができるため，大きな動力を必要としない．ゲートの扉体は浮力を利用しやすいよう扇型の中空密閉構造となっており，ダム越流頂部にヒンジで取付けられている．扉体はこのヒンジを中心として回転し，起立あるいは倒伏する機構となっている．

　このゲートは，大洪水の際に1 070 m³/sの水を放流し，ダムの安全性を確保する役割をになっているが，わが国で現存する最古のドラムゲートとして，水門の技術発展の歴史の中で貴重な存在といえる．

# 054-1 岩屋ダム・洪水吐ゲート

| | |
|---|---|
| 設 置 場 所 | 岐阜県益田郡金山町卯野原 |
| 設 置 河 川 | 木曽川水系馬瀬川（1級河川） |
| ゲート形式 | 横連続桁縦主桁ラジアルゲート |
| 設 置 門 数 | 2 |
| 寸　　　法 | 径間10.90m×扉高18.312m |
| 建 設 年 | 昭和51年（1976） |
| 事 業 者 | 水資源開発公団・中部電力（株） |
| 施 工 会 社 | 石川島播磨重工業（株） |

## 初のPC補強アンカ方式を採用
## 大型ラジアルゲート史に残る金字塔

　岩屋ダムは，水資源開発公団が，木曽川統合事業の一環として岐阜県金山町の木曽川水系飛騨川の支流馬瀬川中流部に昭和51年に建設した，堤高127.5mの大型ロックフィルダムである．ダムには堤体左岸部に洪水吐があって，径間10.9m，高さ18.312mという巨大なラジアルゲート2門が設けられたが，最大2 900m³/sの放流能力を有し，1門当り約2 000tの水圧荷重を支える，わが国最大のラジアルゲートの一つとなっている．

　巨大な水圧荷重はゲートから堰柱に伝えられる．このため，コンクリートピアをPC鋼線で水圧荷重と逆方向に締付け，ゲートからの水圧荷重を相殺させるPCピア補強方式が採用された．わが国で初めて採用する方式であり，採用にあたっては，3次元FEM解析により，十分コンクリート内部の応力状態を把握する等の検討がなされた．

　その後，黒部川の出し平ダムで同じPCピア補強方式を用いた水圧加重2 070tというラジアルゲートが出現，1位の座は明け渡したが，岩屋ダムがラジアルゲート技術発展の歴史の中で，金字塔を打ち建てたことは間違いない．

## 054-2　岩屋ダム・放流管ゲート

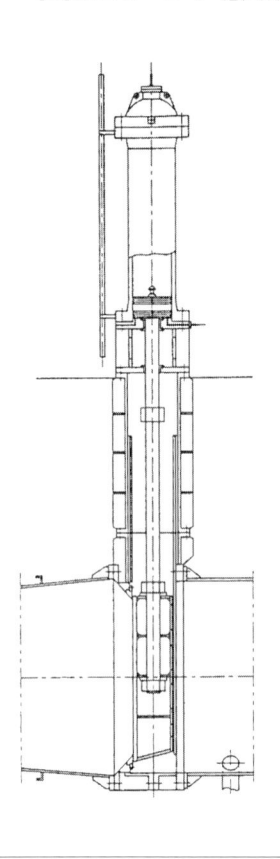

| | |
|---|---|
| 設 置 場 所 | 岐阜県益田郡金山町卯野原 |
| 設 置 河 川 | 木曽川水系飛騨川支流馬瀬川 |
| ゲート形式 | ジェットフローゲート |
| 設 置 門 数 | 1 |
| 寸　　　法 | 口径 φ1.86m |
| 建 設 年 | 1977(昭和52)年(1977) |
| 事 業 者 | 水資源開発公団・中部電力(株) |
| 施 工 会 社 | (株)栗本鐵工所 |

### 初めてジェットフローゲートを採用
### 高圧流量調節放流への対応技術進展

　岩屋ダムは，岐阜県金山町卯野原の木曽川水系馬瀬川に，水資源開発公団が中部電力に工事施工を委託，昭和52年に建設したロックフィルダムである．このダムの放流管には，わが国初のジェットフローゲート(JFG)1門が設置された．放流管の口径はφ1860mmで，高水深下での高圧流量を制御できるゲートの登場である．

　JFGはアメリカ開拓局が開発したシステムで，高水深下でも水理的な不具合を発生することなく流量制御が可能なゲートで，今日では多くのダムで採用されるようになってきている．ただし，岩屋ダムでの採用には，JFGの1号機であっただけにさまざまな研究と実験，技術開発が行われた．また，その研究成果がその後の多くのダムでの応用展開につながったといえる．

　なお，ほぼ同時期にJFGを採用したダムに秋田県の南外ダムがあるが，口径はφ600mm．それだけに，岩屋ダムでのJFG採用は，大型ラジアルゲートにPCピア補強アンカーを初めて採用したということとともに，わが国の高圧流量調節放流用ゲートの発展の技術史を語るうえで欠くことのできない貴重な設備となっている．

## 055　丸山発電所・制水ゲート

| | |
|---|---|
| 設 置 場 所 | 岐阜県加茂郡八百津町 |
| 設 置 河 川 | 木曽川(1級河川) |
| ゲート形式 | 2枚ローラゲート |
| 設 置 門 数 | 5 |
| 寸　　　法 | 径間11.70m×扉高14.70m |
| 建 設 年 | 昭和29年(1954) |
| 事 業 者 | 関西電力㈱ |
| 施 工 会 社 | 日立造船㈱ |

### 大型ダム建設時代の幕開けに
### ピン接合2枚扉のローラゲート

　岐阜県八百津町の木曽川に昭和29年に完成した丸山発電所丸山ダムは、関西電力が26年5月に設立されると即座に着工されたものである。堤高98.2mという高堰堤のダム建設は同社にとって初の試みであり、この成功が後の佐久間ダム、上椎葉ダム、黒四ダムなど堤高100m以上の大ダム建設時代の幕開けとなるプロジェクトとなった。また、ダム堰堤制水ゲートに関しても、当時わが国最大のローラゲート5門が設置された。

　大型のローラゲートとなったのは、単に発電目的だけでなく、洪水調節のため中間開度放流での使用を前提に設計したためで、開度によるローラ反力の変化を正確に把握することと、放流時の振動発生防止が最大の技術課題であった。この点、ローラ反力の変化については扉体を上下2分割して静定構造とすることで対応、振動については先に完成した東北電力片門発電所堰堤水門の振動計測データを参考にするとともに、完成後の実機放流実験等で安全性を確認した。

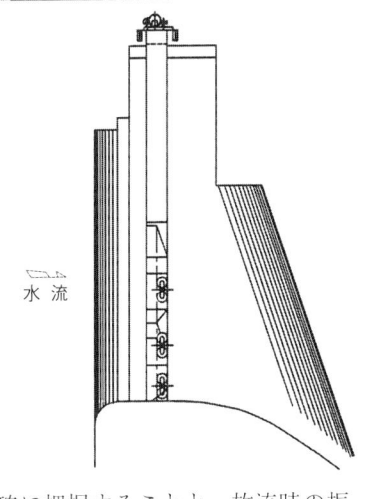

　ゲートの形式は、片門発電所堰堤水制水ゲートの改良型となるピン接合のローラゲートであるが、後の多目的ダムに常用された洪水吐設備のように、中間開度放流方式の先駆けをなすものとなった。

## 056　上麻生発電所・制水ゲート

| | |
|---|---|
| 設置場所 | 岐阜県加茂郡白川町 |
| 設置河川 | 木曽川水系細尾谷川（1級河川） |
| ゲート形式 | ローリングゲート |
| 設置門数 | 2 |
| 寸　　法 | 径間27.272m×扉高4.70m |
| 建設年 | 大正14年（1925） |
| 事業者 | 中部電力（株） |
| 施工会社 | （株）石川島造船所（石川島播磨重工業（株）） |

### 現存最古のローリングゲート
### 大正時代の電源開発の遺産

　岐阜電力が大正14年に，24 300kWの電力開発を行うため，木曽川水系飛騨川にダム水路式発電所を建設したのが上麻生発電所で，発電取水のため岐阜県白川町の水を堰止めるダムに設けたのが，当時はそれしかなかったローリングゲートと称するもので，わが国で現存する最古の例である．

　ゲートは2門で径間27.27m，扉高4.7mであるが，扉体は円筒形で，扉体両端に取付けたワイヤロープを巻取ることにより斜め方向に昇降する．また，この昇降回転を確実にするため，堰柱の戸溝部には斜めにラックギヤが設けられ，扉体端部の円周上に配置されたギヤと噛合う仕組みとなっている．

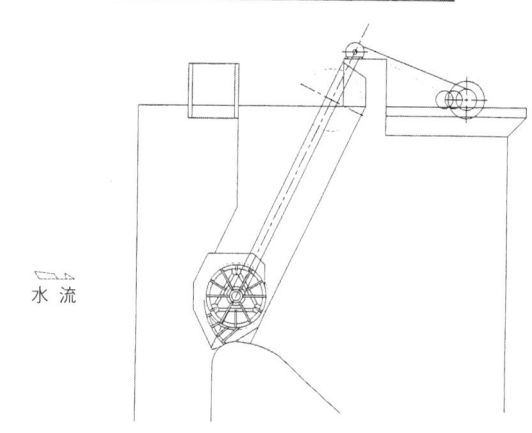

　このゲートの堰柱は煉瓦張りで，70年以上の風雨に耐えて風格も生まれ，周囲の風景にもよくとけこんでいる．昭和34年には伊勢湾台風でゲートの1門が損傷したため，中部電力が復旧工事を行い，現在も稼働中である．当時の設計図面はフィート・インチで寸法表示され，外国の設計の影響を強く残しているが，わが国の水力開発に伴い発展してきた水門の歴史を知るうえで，貴重な遺産となっている．

# 057　今渡ダム・流芥ゲート

| | |
|---|---|
| 設 置 場 所 | 岐阜県可児市川合字西野 |
| 設 置 河 川 | 木曽川(1級河川) |
| ゲート形式 | セクタゲート |
| 設 置 門 数 | 1 |
| 寸　　　法 | 径間2.70m×扉高3.50m |
| 建 設 年 | 昭和14年(1939) |
| 事 業 者 | 関西電力(株) |
| 施 工 会 社 | (株)東京石川島造船所(石川島播磨重工業(株)) |

## 現存最古のセクタゲート
## 最新のセクタ式魚道ゲート技術の原点に

　岐阜県可児市川合にある今渡発電所の堰堤である今渡ダムは，愛岐水力電気によって昭和14年に建設された．木曽川水系のダムの中で最下流に位置するが，現在も関西電力が最大200m³/sの水で20 000kWの発電を行っている．このダムには全幅にローラゲートが設けられているが，中央の舟筏路と左岸端の流芥路にセクタゲートがあって，これは現存するわが国最古のセクタゲートとなっている．

　セクタゲートは，水位に応じてゲートを上げ下げし，表層の水を放流することができるもので，

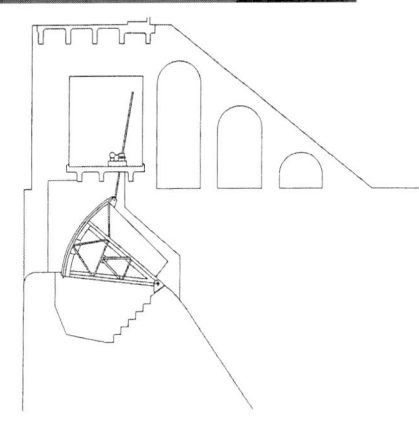

このダムでは木材運搬用の筏を昇り降りさせたり，ゴミを下流に流してしまうために，ダムでは珍しいこの形式のゲートが採用された．

　戦後は，ダムにセクタゲートを設ける例は無くなったが，近年になってその稼働特性が注目され，二風谷ダムや目保呂ダムの魚道ゲートとして採用されるようになってきた．いまや舟筏路も，往時の木材運搬が盛んであった頃の木曽川筋を偲ばすだけで，本来の目的に使われることはなくなったが，水門技術の発展史上貴重な設備であることに変わりはない．

# 058 横山ダム・取水設備

| | |
|---|---|
| 設 置 場 所 | 岐阜県揖斐郡藤橋村字横山 |
| 設 置 河 川 | 木曽川水系揖斐川(1級河川) |
| ゲート形式 | 半円形多段ゲート |
| 設 置 門 数 | 2 |
| 寸　　　法 | 越流 14.626m×36.802m |
| 建 設 年 | 昭和39年(1964) |
| 事 業 者 | 中部地方建設局，中部電力(株) |
| 施 工 会 社 | 石川島播磨重工業(株) |

## 半円形多段式表面取水システムを初採用
## 独自技術開発力の成果

　横山ダムは，岐阜県藤橋村の揖斐川上流域に治水，発電，潅漑を目的に，昭和39年に中部地方建設局の手で建設された中空重力式コンクリートダムである．このダムでは，発電に利用した水を下流域で潅漑にも利用するため取水量62.5m³/sの表面取水設備2連が設置されているが，この設備はわが国が独自に開発した半円形多段式を採用した第1号機となった．

　当時，潅漑用にダム貯水池表層の温水を取水する設備といえば直線形が一般的であったが，大容量の水をより効率的に取水するにはどうすればよいかというニーズに応えるために開発されたのが，半円形多段式取水設備であった．この設備はちょうど潜望鏡を縦半分に切ったような形状で，ダム堤体に沿って貯水池の水位に応じて3段の扉体を伸縮させ，いつでも表層の温かい水を取水できる仕組みにしたものである．

　現在では，潅漑用水を取るほとんどすべてのダムに表面取水設備が設置されるようになり，設備の形式もさまざまであるが，横山ダムは技術発展史のなかでも記念すべき設備となった．

# 059　井川発電所・放水管ゲート

| | |
|---|---|
| 設置場所 | 静岡県静岡市井川 |
| 設置河川 | 大井川（1級河川） |
| ゲート形式 | リングシールゲート，リングホロワゲート |
| 設置門数 | 各1 |
| 寸　法 | 口径 φ1.6m |
| 設計水深 | 92.67m |
| 建設年 | 昭和32年（1957） |
| 事業者 | 中部電力（株） |
| 施工会社 | （株）田原製作所 |

## 大井川開発の核になったダム
## 初期のリングシールやリングホロワゲート

　井川ダムは，静岡市井川の大井川上流に洪水調節と異常渇水時に最低水位以下のダム湖の貯流水を放流し，下流発電所群の出力を確保することを目的に，中部電力が昭和32年に建設したものである．ただし，ダム建設計画は明治38年からスタートしており，200戸に及ぶ水没家屋の補償問題の難航等もあり，完成までに50年を費やしている．

　異常渇水時の低水放流と，排砂管の使用効果を援護するために，主放流ゲートにリングシールゲートが設置された．また，排砂管および放水管副ゲートには，わが国初の使用例としてリングホロワゲートが採用された．

　リングシールゲートは，それまでのリングホロワゲートが支承方式に摺動式を採用していて操作荷重が大きく不経済な面があるため，その点を克服することを目的として，下流側にローラを設け，上流側に水密のための可動式シーリングを配置して開閉荷重をより小さくするよう工夫したものである．

　このシステムは，アメリカのグランドクーリーダムの放流設備に主・副ゲートとして設置されたものでであるが，井川ダムでの使用は，国内で糠平ダム，宇連ダムに続く代表例となっている．

## 060　奥泉ダム・洪水吐ゲート

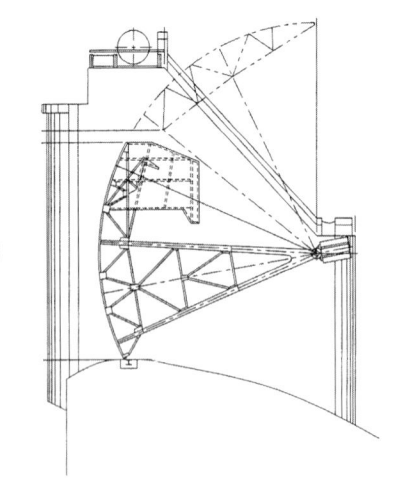

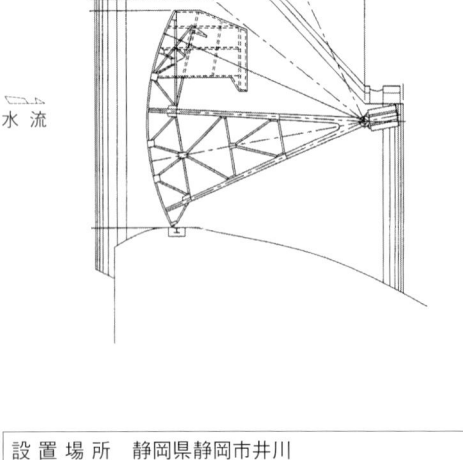

| | |
|---|---|
| 設 置 場 所 | 静岡県静岡市井川 |
| 設 置 河 川 | 大井川（1級河川） |
| ゲート形式 | フラップ付ラジアルゲート |
| 設 置 門 数 | 3 |
| 寸　　　　法 | 径間9.00m×扉高12.30m |
| 建 設 年 | 昭和31年（1956） |
| 事 業 者 | 中部電力(株) |
| 施 工 会 社 | 石川島重工業(株)(石川島播磨重工業(株)) |

### 初のフラップ付ラジアルゲート
### 水門技術史に残るダムの一つ

　静岡県の大井川を金谷から千頭，千頭から井川までのトロッコ電車で登っていくと，長島ダムと井川ダムの中間に奥泉ダムがある．中部電力が発電専用のダムとして，静岡市井川に昭和31年に建設したものである．このダムの洪水吐に，径間9m，扉高12.3mのラジアルゲート3門が設置された．

　洪水吐は，洪水時にダムの安全を確保するためにラジアルゲートを開けて水を流すゲートのことであるが，このゲートの1門にフラップと呼ばれる転倒ゲートが組込まれている．フラップは浮遊物を流下させるためにゲートの上部の一部を切欠き，そこに転倒可能な子ゲートを取付けたもので，本体ゲートを操作することなく流下物を下流に流すことができる．本ダムのフラップの寸法は幅1.5m，高さ3.5mで規模としても大きく，また，フラップの操作機構は揺動式電動スピンドルを用いた駆動装置が本体のラジアルゲートに組込まれている．この組込みタイプは，わが国初の採用ケースであった．

　奥泉ダムは山の中の渓谷でひっそりと佇んでいるが，水門技術の発展に足跡を残すダムの一つであることは間違いない．

## 061　長島ダム・主放水設備

| | |
|---|---|
| 設 置 場 所 | 右岸：静岡県榛原郡本川根町大字犬間地先<br>左岸：静岡県榛原郡本川根町大字梅地地先 |
| 設 置 河 川 | 大井川（1級河川） |
| ゲート形式 | 高圧ラジアルゲート |
| 設 置 門 数 | 6 |
| 寸　　　　法 | 径間5.0m×扉高6.4m |
| 設 計 水 深 | 61.365m |
| 建 設 年 | 平成9年（1997） |
| 事 業 者 | 中部地方建設局 |
| 施 工 会 社 | 石川島播磨重工業㈱・川崎重工業㈱JV<br>日立造船㈱・㈱栗本鐵工所JV |

### 日本最大級の高圧ラジアルゲート 高圧に耐える技術の集大成に

長島ダムは，静岡県本川根町犬間・梅地地先の大井川に，中部地方建設局の手で平成9年に完成したダムである．このダムの洪水調節は6門の高圧ラジアルゲート，合せて最大約6000m³/sの放流によって行われる．

この高圧ラジアルゲートの寸法は幅5m，高さ6.4mで最大級の規模である．また，水深61.4mの水圧を受け，その荷重は2500tを超え，これもわが国最大級のものである．このため，水密（止水）には高度な技術が要求され，初期水密位置が調整可能な工夫がなされたり，ゲートが設けられる高圧放流管の流入部に一面ベルマウス形式を採用したりと，わが国初の試みを種々採用した．ベルマウスとは，高速流を滑らかに放流管に導くために呑口部分に曲面を設ける構造のことで，一面ベルマウスは呑口上面にのみ曲面を用いたものである．狭い川幅に，間隔を狭めて多数の放流管を設置するのに適している．

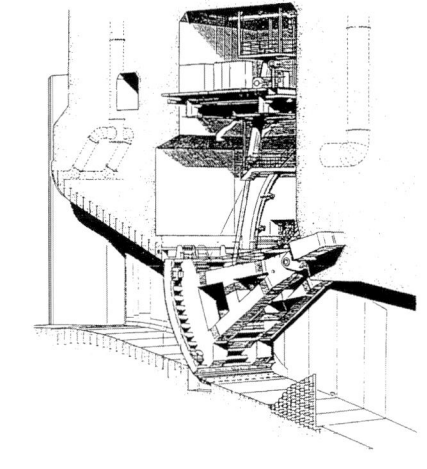

長島ダム高圧ラジアルゲートは，種々の工夫の集大成として水門技術の発展に寄与するところが大きい記念碑的な設備となった．

# 062 犬山頭首工・余水吐ゲート

| | |
|---|---|
| 設 置 場 所 | 愛知県犬山市大字木津字宮前 |
| 設 置 河 川 | 庄内川(1級河川) |
| ゲート形式 | 起伏ゲート |
| 設 置 門 数 | 1 |
| 寸 　 　 法 | 径間13.00 m×扉高3.10 m |
| 建 設 年 | 昭和36年(1961) |
| 事 業 者 | 農林省名古屋農地事務局 |
| 施 工 会 社 | (株)栗本鐵工所 |

## 起伏ゲートの信頼性高める
## 初の特殊支持金物を採用したゲート

　犬山頭首工の余水吐は，愛知県犬山市の国宝犬山城の近傍の庄内川に，農林省が昭和36年に建設したもので，ゲートは初めてインボリュート曲線の支持金物を採用した起伏ゲートで，これにより起伏ゲートの信頼性を高めた．起伏ゲートは扉体背面を2本の油圧シリンダで支持する形式であるが，それまでは倒伏操作が不可能になった設備があったりして，信頼性に欠けるとされていた．

　このゲート開閉装置の構造は，油圧シリンダを河床に埋設固定し，ラム(シリンダロッド)頂部にローラを取付け，扉体背面に装着した凸曲面の支持板を介して水圧荷重を支持するもの．

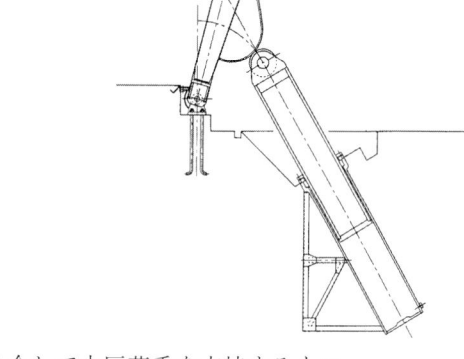

　ただし，凸曲面が適切でないと油圧シリンダ中心線に荷重が作用せずに，ラム頂上部横方向の荷重が作用するため，伸びきったラムがシリンダ内部に入りにくい状態となり，結果として扉体が倒伏しないことが生じる．そこで，本ゲートでは凸曲面をインボリュート曲線とし，どんなゲート角度でもシリンダ中心線上に荷重方向が集中するよう改良した．これにより，起伏ゲート操作の信頼性を高めることができたのである．

# 063　和合チェックゲート

| | |
|---|---|
| 設 置 場 所 | 愛知県愛知郡東郷町大字和合 |
| 設 置 河 川 | 木曽川水系金山ダム取水口 |
| ゲート形式 | 無動力形上流水位自動調節ゲート |
| 設 置 門 数 | 2 |
| 寸　　　法 | 径長5.695m×扉高2.50m |
| 建 設 年 | 昭和36年(1961) |
| 改　　　築 | 平成9年(1997) |
| 事 業 者 | 水資源開発公団 |
| 施 工 会 社 | (建設)㈱丸島水門製作所<br>(改築)㈱丸島アクアシステム |

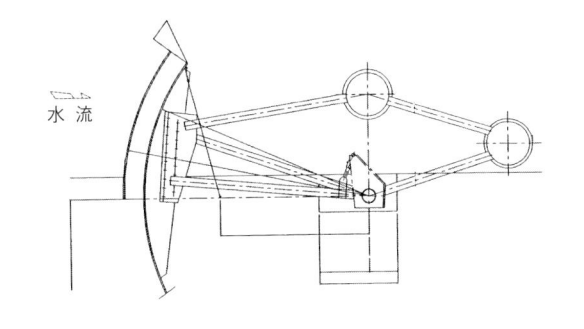

## 合理性の追求から誕生した無動力開閉機構
## 愛知用水の灌漑用分水ゲートとして機能

　愛知県東郷町の木曽川水系金山ダム取水口の和合チェックゲートは、昭和30年から36年にかけて初の大規模総合開発事業として実施された愛知用水事業のうちの一事業であるが、灌漑用幹線水路の分水用ゲートとして、わが国では初の無動力型開閉装置が採用された。

　このゲートは上流水位調節用で、略称アミルゲートと呼ばれ、アルジェリアの大規模灌漑に威力を発揮したネルテック型ゲートの一種である。フランスのアルストム・フルッドス社から技術導入した。扉体はフロート室をもった逆台形状の本体・アーム・回転軸・カウンターウェイト・回転軸支持装置等から構成され、幹線水路の流下量の大小に関係なく、ゲート上流側の水位を常に一定に保つ。つまり、上流の水量が多く計画水位より高くなると、本体フロート下面に浮力が作用して本体を上方に押上げ、余分な水を流下させ、水位が下降すると本体も下降して自動的に計画水位を維持するというシステムである。

　機能、設備費、維持管理費などを総合的に評価した結果、この方式が採用されたわけであるが、愛知用水が完成して36年後、さらに維持管理性の向上を目指し、使用材料もSS400からSUS304にするなど、平成9年に水資源開発公団の手でゲートは更新された。

# 064　船頭平閘門[27]

| | |
|---|---|
| 設 置 場 所 | 愛知県海部郡立田村福原新田地先 |
| 設 置 河 川 | 木曽川（1級河川） |
| ゲート形式 | マイタゲート |
| 設 置 門 数 | 2 |
| 寸　　　法 | 径間5.65m×扉高7.46m |
| | 　　　5.65m×　　　6.77m |
| 建 設 年 | 明治35年(1902) |
| 改　　　築 | 平成6年(1994) |
| 事 業 者 | 内務省（中部地方建設局） |
| 施 工 会 社 | 丸誠重工業(株) |

## 土木史を飾るマイタゲート
## お雇い外人技師デ・レーケの遺産

　愛知県立田村の木曽川に設置された船頭平閘門は，明治の木曽三川分流工事に伴い，当時の物資集積地である桑名への船運確保のため，木曽川と長良川の間に設けられたものである．閘門はオランダ人技師デ・レーケらによって計画・施工され，内務省の手で明治35年に完成した土木史上に残る設備である．

　その後90年を経過し，閘門は老朽化による止水性能の低下等をきたしたことから，平成6年に中部地方建設局の手で改築工事が行われた．ただし，土木構造物と閘門の形状は当時の構造を残しつつ，扉体は鋼製からステンレス鋼製へ，開閉装置は手動から電動へとメンテナンスと操作性を考慮して最新の設備とした．また，当初の扉体はリベット構造であったが，鋼板つや消しとした溶接構造に疑似リベットを取付ける等当時の雰囲気を残すとともに，開閉装置も当時と同じ円弧駆動ギヤを採用し，減速機を地中に潜らせる等，景観にも配慮した．

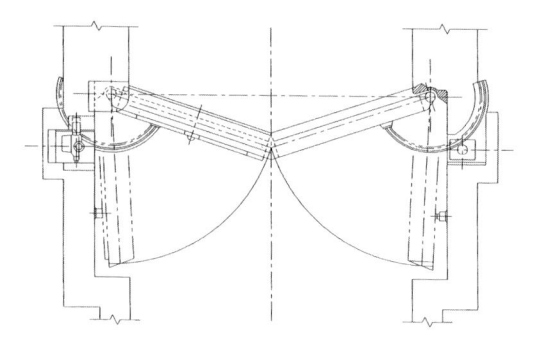

　船頭平閘門周辺は公園化したが，閘門は現役である．改築にあたって，御影石にアンカーボルトで精密に固定されたギヤ減速機等，当時の職人技術がいかに優れていたかがうかがい知れるなど，まさに貴重な歴史遺産の一つといえよう．

## 065　松重閘門

| | |
|---|---|
| 設 置 場 所 | 愛知県名古屋市中川区松重町山王1丁目 |
| 設 置 河 川 | 中川運河 |
| ゲート形式 | ストーニーゲート |
| 設 置 門 数 | 1 |
| 寸　　　法 | 径間9.1m×扉高90.9m |
| 建 設 年 | 昭和6年(1931) |
| 事 業 者 | 名古屋市 |
| 施 工 会 社 | 大同水道工業(株) |

### 塔頂部の意匠が印象的な昭和初期の施設
### 名古屋市が都市景観重要建築物に指定

　松重閘門は，名古屋市が中川区の堀川運河と中川口の連結部に昭和6年に建設したもので，これにより大型船の市街地乗入れが可能となり，運河流域の工業化が図られ，内陸都市名古屋の経済発展に大きく寄与した．この閘門のゲートはストーニーゲートで，現在ゲートは撤去されたが，ピア上部構造は名古屋市から都市景観重要構造物に指定され，保存されている．

　名古屋は，慶長15年(1610)，福島正則が堀川運河を開削して舟運が盛んになるが，明治40年(1907)の名古屋港開港に伴い，大型船が運行できるよう中川運河の開削が始まり，昭和7年に両運河の連結部に松重閘門が築造された．同閘門は昭和初期以降盛んに利用されたが，その後鉄道の開通によってその役割を終え，現在ゲートは撤去された．

　ただし，ゲートはなくなったが，ピア上部構造は保存されている．閘室は長さ90m，上下閘門用の四つのピアが教会の塔のように建ちならび，その塔頂部の意匠は大正期の表現派を思わす印象的なもので，名古屋市民の心象にしみついたものとなって残っている．

## 鋼製ゲート百選　近畿地区

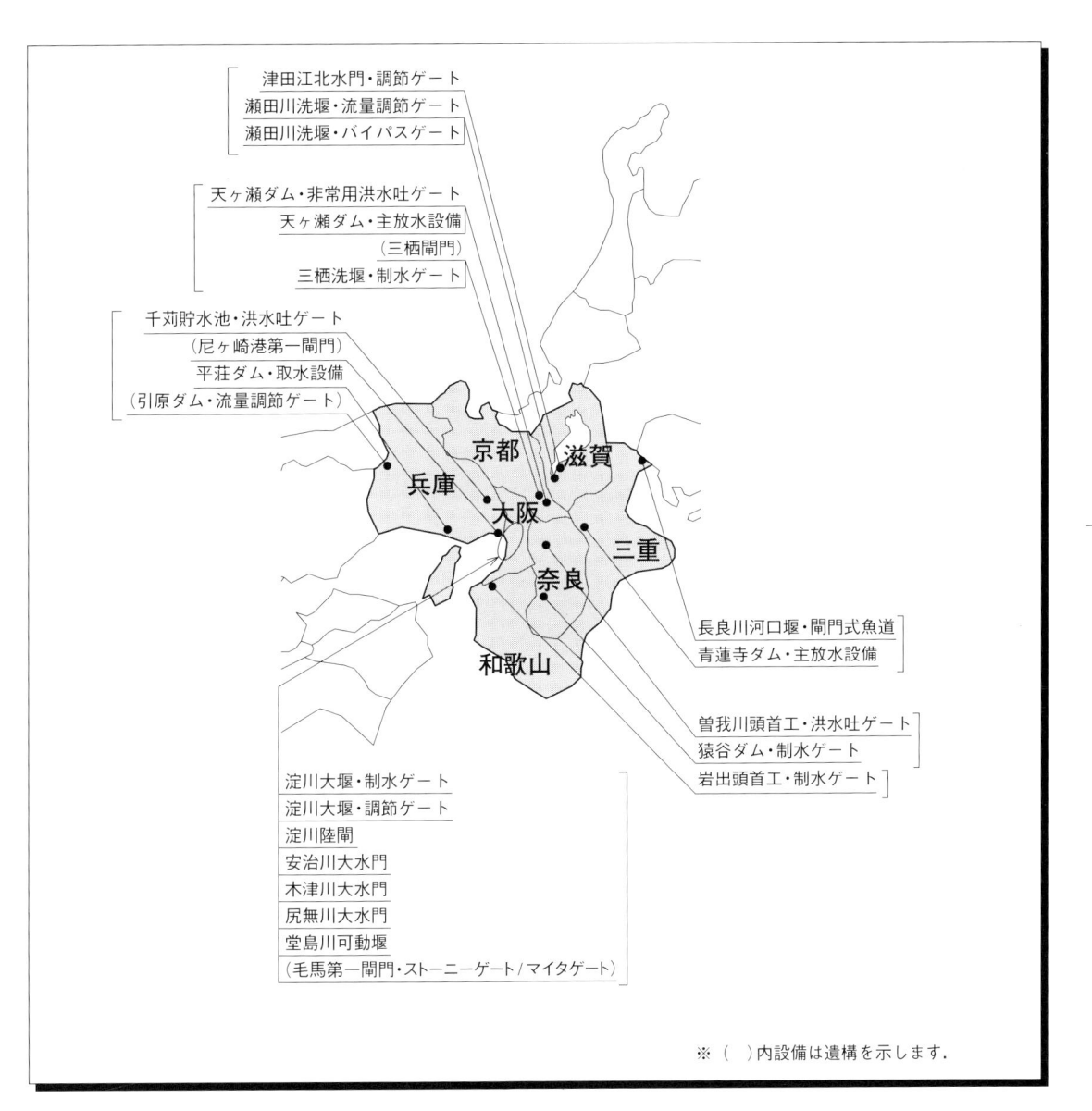

- 津田江北水門・調節ゲート
- 瀬田川洗堰・流量調節ゲート
- 瀬田川洗堰・バイパスゲート

- 天ヶ瀬ダム・非常用洪水吐ゲート
- 天ヶ瀬ダム・主放水設備
- （三栖閘門）
- 三栖洗堰・制水ゲート

- 千苅貯水池・洪水吐ゲート
- （尼ヶ崎港第一閘門）
- 平荘ダム・取水設備
- （引原ダム・流量調節ゲート）

京都　滋賀
兵庫
大阪　三重
奈良
和歌山

- 長良川河口堰・閘門式魚道
- 青蓮寺ダム・主放水設備

- 曽我川頭首工・洪水吐ゲート
- 猿谷ダム・制水ゲート
- 岩出頭首工・制水ゲート

- 淀川大堰・制水ゲート
- 淀川大堰・調節ゲート
- 淀川陸閘
- 安治川大水門
- 木津川大水門
- 尻無川大水門
- 堂島川可動堰
- （毛馬第一閘門・ストーニーゲート/マイタゲート）

※（　）内設備は遺構を示します．

## 066　長良川河口堰・閘門式魚道

| | |
|---|---|
| 設置場所 | 右岸：三重県桑名市福島<br>左岸：三重県長島町駒江 |
| 設置河川 | 長良川（1級河川） |
| ゲート形式 | 越流形シェル構造2段式ローラゲート |
| 設置門数 | 3連 |
| 寸　　法 | 径間　9.0m×扉高6.1m（上流門扉）<br>　　　15.0m×　　6.1m（中間門扉）<br>　　　15.0m×　　6.7m（下流門扉） |
| 建設年 | 平成6年（1994） |
| 事業者 | 水資源開発公団 |
| 施工会社 | 日本鋼管㈱・㈱田原製作所JV |

### 初の閘門式魚道を導入
### 自然環境保護の声に最大限応える

　平成6年に水資源開発公団が三重県桑名市福島に建設した長良川河口堰の魚道設備は，河口堰両岸の高水敷に設けられた．左岸部には径間30mのロック式魚道と総水路幅10.8mの呼び水魚道が，右岸部には径間15mのロック式魚道と総水路幅8.8mの呼び水魚道が併設され，魚道部全体で河川幅の10%を占め，またロック式魚道の採用はわが国で初めてのことである．

　このロック式魚道は，呼び水水路を有する階段式魚道で，シェル構造式2段ローラゲート2門と閘室で構成され，ゲートの越流放流，底部放流を繰返すことで閘室水位を変化させ，越流遡上魚および底部遡上魚の遡上，降下を行うシステムである．また，呼び水式魚道は水路部中央の呼び水水路と両側の魚梯水路で構成され，水路上流部3分の1と最下流に設置されている．垂直上昇式のゲート操作で上・下流水位が常に一様の勾配になるようコントロールされ，これにより遊泳力の弱い稚魚でも十分遡上できる構造となっている．

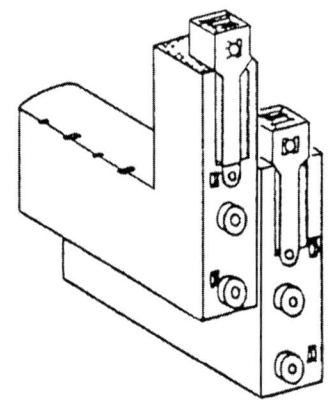

　長良川は鮎，サツキマス等の漁場として古くから漁業が営まれ，岐阜市で行われる鵜飼いは観光資源として古くから知られている．河口堰は河川改修に伴い設置が必要になったが，魚道は自然環境保護の観点から水産資源関係の専門家の指導のもとに設置された．

## 067　青蓮寺ダム・主放水設備

| | |
|---|---|
| 設 置 場 所 | 三重県名張市中知山1-166 |
| 設 置 河 川 | 淀川水系青蓮寺川(1級河川) |
| ゲート形式 | キャタピラローラゲート |
| 設 置 門 数 | 2 |
| 寸　　　法 | 径間3.62m×扉高3.78m |
| 設 計 水 深 | 43.39m |
| 建 設 年 | 昭和45年(1970) |
| 事 業 者 | 水資源開発公団 |
| 施 工 会 社 | 石川島播磨重工業㈱ |

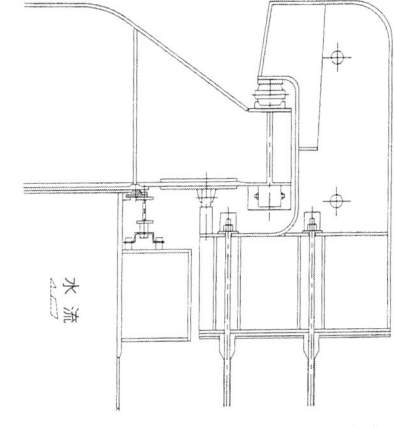

### 唯一のキャタピラ式主ゲート
### 戸当り圧着方式で水密性確保

　青蓮寺ダムは，淀川・木津川の上流，三重県名張市の青蓮寺川に，洪水調節，水道水・農業用水確保，それに発電等を目的に，昭和45年，水資源開発公団が建設したコンクリートアーチダムである．本ダムでは，洪水調節用主放水設備にキャタピラローラゲートが採用された．予備ゲートや発電用取水口にキャタピラゲートが採用された例はあるが，主ゲートではここだけである．

　洪水調節は，ダム地点における計画高水流量1 100m³/sのうち500m³/sを貯水，600m³/sを放流して行う．ダムの背面に設けたキャタピラゲートは，ローラ部分がコンパクトになるため戸当りを内側に寄せることができ，ローラ支間が小さくなるというメリットがある．まさに主ゲートの大型化，高圧化が生んだ技術といえるが，止水のための圧着装置も戸当り圧着式と称する国内に2例しかない特殊な機構を採用している．

　昭和34年の伊勢湾台風による名張地区の大被害が青蓮寺ダム建設のきっかけとなるが，そうした地域への貢献とともに，技術的にも現在キャタピラが採用される例は少なくなったものの，価値をもつゲートといえる．

## 068　津田江北水門・調節ゲート

| | |
|---|---|
| 設 置 場 所 | 滋賀県草津市下物地先 |
| 設 置 河 川 | 淀川水系琵琶湖　津田江湾 |
| ゲート形式 | ローラゲート |
| 設 置 門 数 | 3 |
| 寸　　　法 | 径間20.00m×扉高4.30m |
| 建 設 年 | 昭和62年（1987） |
| 事 業 者 | 水資源開発公団 |
| 施 工 会 社 | 川崎重工業（株） |

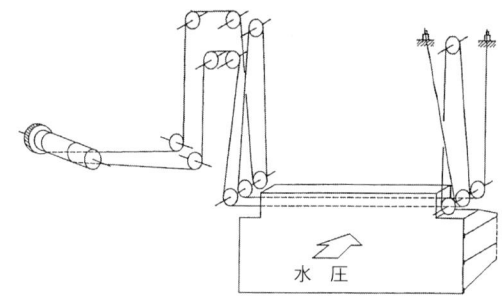

### 湖沼に浮かぶ中世ヨーロッパの古城
### 開閉装置をピアに内蔵したローラゲート

　滋賀県草津市下物・寺町地先の琵琶湖湖南地方守山地区の津田江湾に，中世ヨーロッパの古城を思わせる構造物が出現した．これが昭和62年に水資源開発公団の手で建設された津田江北水門である．この水門扉の形式はローラゲートで，洪水時には内陸部の浸水被害を防ぐとともに，渇水時には内水位維持を目的としたものである．

　ゲート設備は，ゲート操作台の張出しによる不安定感を緩和するため，堰柱上には転向シーブのみを設け，開閉装置本体は堰柱中段に設け，堰柱高さを低く抑えている．また堰柱幅を全高にわたって同じ幅にすることにより不安定感を排除，さらに堰柱表面には石積みのイメージを模した仕上げを施すなど，景観を重視，環境にマッチした設計となっている．

　このような配慮により，この水門はこれまでの設備とはまったく異なるイメージをかもし出している．門扉のところは城壁，堰柱のところは望楼と，さながら湖沼に浮かぶ中世ヨーロッパの古城のたたずまいとなっているわけで，今後の公共施設が単に合理性，機能性の追求だけでは収まらぬところにきていることを示唆している．

# 069-1 瀬田川洗堰・流量調節ゲート

| | |
|---|---|
| 設 置 場 所 | 滋賀県大津市田上黒津町4丁目地先 |
| 設 置 河 川 | 淀川水系瀬田川(1級河川) |
| ゲート形式 | 2段式ローラゲート |
| 設 置 門 数 | 10 |
| 寸　　　法 | 径間10.80m×扉高6.114m |
| 建 設 年 | 明治42年(1909)(旧堰) |
| 改 　 築 | 昭和36年(1961)(新堰) |
| 事 業 者 | 近畿地方建設局 |
| 施 工 会 社 | 三菱重工業(株) |

## 琵琶湖と淀川の結節点に
## 越流式フック型2段ローラゲート

　滋賀県大津市の淀川水系瀬田川に昭和36年,旧洗堰の下流100mの地点に近畿地方建設局が建設した瀬田川洗堰は,琵琶湖沿岸の環境変化にあわせ,効率的な水位調節など管理機能強化を図るため設けられた.この新洗堰のゲート形式は,ドイツのMAN社から導入した,上下段扉それぞれに開閉装置を設けた2M-4Dの越流型2段式ローラゲートである.

　ただし,このゲートは放流を開始した後に水脈振動に伴う低周波振動が発生したため,現地試験をいろいろ行ったうえ国内では初めてエアスポイラーを設置した.これ以降,越流式ゲートには,本ゲートでの結果をもとにして同様の対策が講じられるようになった.また,周辺景観とマッチさせるよう,開閉装置はグランドレベルに置き,ピアの高さを低く抑え,操作室も省略した設計となっている.

　近畿圏の水の大動脈,淀川の琵琶湖からの出口に設けられた旧瀬田川洗堰は,古くから洪水時に瀬田川筋や琵琶湖沿岸に大きな水害をもたらしていたことから,淀川改良工事の一環として明治42年に竣工したもので,門の操作も人力での角落しによるものであった.この洗堰も左右岸に数門保存してあり,新洗堰と比較しながら,技術の変遷を実感できる.

## 069-2 瀬田川洗堰・バイパスゲート

| | |
|---|---|
| 設 置 場 所 | 滋賀県大津市田上黒津町4丁目地先 |
| 設 置 河 川 | 淀川水系瀬田川(1級河川) |
| ゲート形式 | スライド式3段シェル構造ローラゲート |
| 設 置 門 数 | 3 |
| 寸　　　法 | 径間15.0m×扉高8.824m(2門)<br>　　　5.0m×　　8.824m(1門) |
| 建 設 年 | 昭和62年(1987) |
| 事 業 者 | 近畿地方建設局 |
| 施 工 会 社 | 三菱重工業(株) |

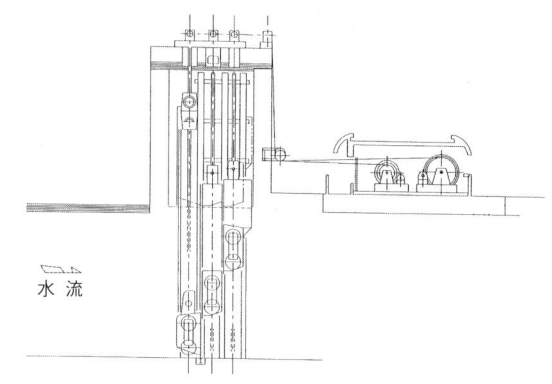

### 初の3段シェル構造ローラゲート
### 煉瓦と御影石の石積みに初代の面影残す

　滋賀県大津市田上黒津町地先の淀川水系瀬田川洗堰バイパスゲートは、琵琶湖の利用水を新規に40m³/s開発する琵琶湖総合開発事業の主施設として昭和12年(1937)に設けられた瀬田川洗堰のバイパス水路に、昭和62年、近畿地方建設局が建設した流量調節ゲートである.

　ゲートの形式は、国内初のスライド式3段シェル構造ローラゲートである．この形式は全開時扉高に対して最小扉高を1/3に縮小可能にしたもので、渇水時から満水時までの広範囲な水位変動に追従でき、高精度の調整放流操作を可能にしたものである．また、水路は洗堰以上に景観に配慮した設計となっており、ゲートは見えないようボックス構造として、ピアと開閉装置室も煉瓦と御影石積みで、初代の瀬田川洗堰のイメージを残したものとなっている．

　周辺は景勝地であるため、設計のさまざまな点に、景観にマッチさせようという配慮を施している．また、旧洗堰も左右岸に数門保存されていて、新洗堰とあわせて三つの洗堰が比較できるようになっており、学術的、技術的にも変遷を実感できる貴重な場となっている．

# 070-1 天ヶ瀬ダム・非常用洪水吐ゲート

| | |
|---|---|
| 設 置 場 所 | 右岸：京都府宇治市槇島町槇尾山<br>左岸：京都府宇治市槇島町六石 |
| 設 置 河 川 | 淀川水系宇治川(1級河川) |
| ゲート形式 | 縦トラス横主桁ラジアルゲート |
| 設置門数 | 4 |
| 寸　　　法 | 径間 10.00 m×扉高 4.357 m |
| 建 設 年 | 昭和 39 年（1964） |
| 事 業 者 | 近畿地方建設局 |
| 施工会社 | (株)栗本鐵工所 |

## 審美性で見直されるシステム
## 油圧シリンダ内蔵のゲート

　天ヶ瀬ダムは，琵琶湖から出た瀬田川が大戸川，信楽川，大石川を集め京都府の宇治市に入って宇治川となる地点，京都府宇治市槇島町に，昭和39年，京阪間の水道水と発電用水供給を目的に近畿地方建設局の手で建設されたものである．このダムには4門の非常用洪水吐ゲートが設けられたが，その形式はいずれも縦トラス横主桁クレストラジアルゲートであるが，うち2門は流芥を目的に起伏ゲート付の構造となっている．ただし，現在は使用されていない．

　クレストラジアルゲートは，電動ワイヤロープウインチ式の開閉装置を堤頂部に設置する例が多いが，天ヶ瀬ダムでは，スパン10 m，扉高4.357 mの扉体内に油圧シリンダを設置した方式を採用しているところが特徴となっている．また，起伏ゲートも油圧シリンダを扉体の背面に設置している．

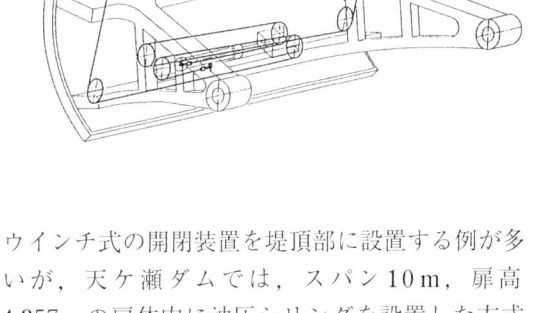

　この方式は，開閉装置が堤頂部から突起しなくてよいため，すっきりとした審美性を求められる設備に適しており，建設後30年以上たったにもかかわらず，改めてその有用性が見直される方式といえよう．

## 070-2 天ヶ瀬ダム・主放水設備

| | |
|---|---|
| 設 置 場 所 | 右岸：京都府宇治市槇島町槇尾山<br>左岸：京都府宇治市槇島町六石 |
| 設 置 河 川 | 宇治川水系宇治川（1級河川） |
| ゲート形式 | 高圧ローラゲート |
| 設 置 門 数 | 3 |
| 寸　　　法 | 径間3.59m×扉高4.74m |
| 設 計 水 深 | 35.835m |
| 建 設 年 | 昭和39年（1964） |
| 事 業 者 | 近畿地方建設局 |
| 施 工 会 社 | (株)呉造船所(石川島播磨重工業(株)) |

### 初の扉体圧着式高圧ローラゲート
### 大型ゲート時代へ技術開発で貢献

　淀川水系ダム群の第1号として，昭和39年，京都府宇治市槇島町の宇治川に近畿地方建設局が建設したアーチ式の天ヶ瀬ダムのダム湖（鳳凰湖）は，京阪間の水道水源であるとともに，ダム直下の天ヶ瀬発電所の調整池であり，喜撰山発電所の下池の役割を果している．この主放水ゲートに採用されたのが，わが国では初の扉体圧着式高圧ローラゲートであった．

　ダムの主放水設備は常時900m³/s，最大1000m³/sの水を36mの高水頭で放流するという，当時のアーチダムでは類をみない規模のものである．必然的に，主ゲートも大きくなり，扉の面積はそれ以前に建設された佐久間，室牧，一ツ瀬等のダムの2倍以上にもなった．このため，扉体と堤体間の水密性をどう確保するか種々検討されたが，世界でも前例のない扉体を水密ゴムに押しつける「扉体圧着式」と呼ばれる水止め機構を開発，採用した．この方式は，偏心したローラ軸をレバーで回転して扉体を前方に押出すもので，押付けられる側の水密ゴムは実験によってその形状が決定された．

　ここで開発された技術は，その後，矢作川，下筌川，真名川などの各ダムに受継がれ，大型高圧ローラゲートの技術進展に大きく寄与した．

# 071　三栖洗堰・制水ゲート

| | |
|---|---|
| 設 置 場 所 | 京都府京都市伏見区葭島金井戸町地先 |
| 設 置 河 川 | 淀川水系宇治川の支川　濠川（1級河川） |
| ゲート形式 | ローラゲート |
| 設 置 門 数 | 3 |
| 寸　　　法 | 径間5.49m×扉高3.05m |
| 建 設 年 | 大正14年（1925） |
| 改　　　築 | 平成2年（1990） |
| 事 業 者 | 内務省（近畿地方建設局） |
| 施 工 会 社 | （建設）大阪鉄工所／（改築）川崎重工業（株） |

## 最古のストーニーゲートの面影残す市民生活守る文化遺産

　三栖洗堰は，京都市伏見区葭島金井戸町地先に，宇治川の増水時に支流濠川への逆流と地区への浸水を防止する目的で，大正14年に内務省の手で築造されたものである．濠川が宇治川本川へ合流する出口に建設されたこの洗堰は，平時はゲートを途中まで開け，伏見地区の生活用水が流入する濠川の内水を放流している．

　現在の洗堰ゲートは，旧ストーニーゲートの老朽化が著しかったため，平成2年にローラゲートに変えたもので，また，管理機能を改善するため従来の手動式から電動開閉装置へ形式変更が行われた．ただし，これらの変更に際し，わが国最古のストーニーゲートの遺構を保存するため，ゲートの外観はリベット継手構造とし，旧形状を再現した．

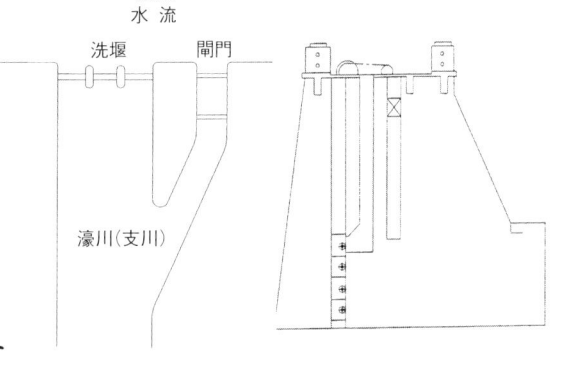

　この場所は，京都への南の入口で，江戸時代は30石船が淀川を行き来して賑わったところである．また，源平時代の合戦の場であったり，幕末には勤皇派と佐幕派が競いあい，すぐ近くの寺田屋で寺田屋事件を起こした歴史の舞台でもある．洗堰ゲートは並設されている三栖閘門とともに，そうした歴史的舞台をバックにした鋼製水門扉の文化遺産といえよう．

# 072-1 淀川大堰・制水ゲート

| | |
|---|---|
| 設 置 場 所 | 右岸：大阪府大阪市東淀川区柴島2丁目<br>左岸：大阪府大阪市都島区毛馬 |
| 設 置 河 川 | 淀川（1級河川） |
| ゲート形式 | シェル構造ローラゲート |
| 設置門数 | 4 |
| 寸　　　法 | 径間55.00m×扉高7.80m |
| 建 設 年 | 昭和49年（1974）第1期<br>昭和56年（1981）第2期 |
| 事 業 者 | 近畿地方建設局 |
| 施工会社 | 日立造船(株)・三菱重工業(株)JV |

## 日本最大のシェル構造ローラゲート
## 長柄可動堰に代わる大阪の守護神に

　淀川大堰は，新河道計画に伴い，長柄可動堰に代えてその上流400mの地点に，近畿地方建設局が建設した堰である．淀川大堰は，長柄可動堰の果していた機能すなわち常時の水位維持，大川，神崎川への分流，上工農水の取水および塩水遡上防止等の機能に加え，洪水放流能力の大幅な増大を目的に建設された．半分ずつの半川締切工法で施工したが，昭和47年に一期工事に着手して以来，56年の二期工事完成までに丸9年を要した．

　堰には径間55m・扉高7.8mの主ゲート4門と，径間40mの調整ゲート2門が設置されているが，主ゲートのスパンは堰建設地点の最大洪水放流量12 000 m³/sから決定された．この主ゲートは，海側にスキンプレートを配したシェル構造ローラゲートで，現在でもスパン55mと受圧面積429m²はわが国一を誇っている．

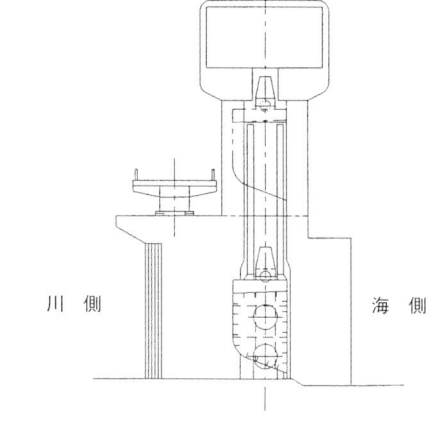

　こうした大規模なゲート設備は，設計に際して，操作上の高度な信頼性が要求される．とくに，下端放流時のダウンプルと，越流や越波時の水重圧が問題となり，扉体形状や各部の寸法決定には水理模型実験等による安全性確認に時間をかけ，それが日本一の大規模ゲートを生むバックデータとなった．

# 072-2 淀川大堰・調節ゲート

| 設置場所 | 右岸：大阪府大阪市東淀川区柴島2丁目 |
|---|---|
| | 左岸：大阪府大阪市都島区毛馬 |
| 設置河川 | 淀川（1級河川） |
| ゲート形式 | 2段シェル構造ローラゲート |
| 設置門数 | 2 |
| 寸　法 | 径間40.0m×扉高7.8m |
| 建設年 | 昭和49年（1974）第1期 |
| | 昭和56年（1981）第2期 |
| 事業者 | 近畿地方建設局 |
| 施工会社 | 日立造船(株)・三菱重工業(株)JV |

## 揚圧解析や造波水槽実験等の成果
## 函形に特徴の2段シェル構造ゲート

　淀川大堰は，淀川河口から9.4kmの地点に，昭和49年に近畿地方建設局が建設したもので，主ゲート4門と2段スライド式ローラゲートの調節ゲート2門から構成されている．このうち，調整ゲートの設計にあたっては，波圧の軽減と扉間水密構造が問題であったが，各種水理実験等でこれを克服した．

　すなわち，流量調節の機能上，調節ゲートは2段越流型ローラゲートと決定したが，上段扉を下流側，下段扉を上流側に配すると，波によって上段扉に作用する上向きの力（衝撃的に作用する揚圧）が大きく，最悪の場合は上段扉が揚圧で浮上することが懸念された．そのため，上段扉の下面に作用する衝撃的な揚圧を減殺する方法が種々検討され，造波水槽による水理実験等の結果から，上段扉の下面をトラス構造とする案が採用された．また，シェルの一面をトラス構造とした場合の解析方法も開発された．

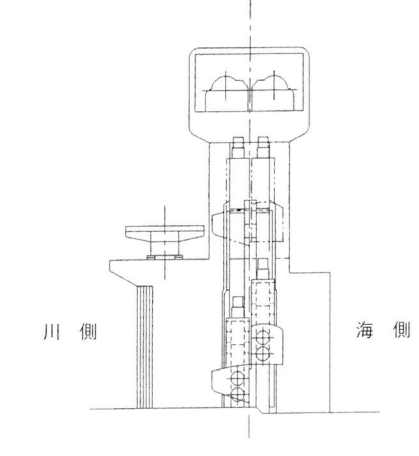

　一方，扉間水密は通常の川側からの水密と高潮時の海側からの水密が必要で，さらに上段と下段扉の撓み差に追従できる方法が要求されたが，メンブレン構造を採用することで解決，わが国でも最大級の淀川大堰が実現したのは技術開発の成果である．

# 073　淀川陸閘

| | |
|---|---|
| 設 置 場 所 | 右岸：大阪府大阪市西淀川区花川2丁目<br>左岸：大阪府大阪市福島区海老江3丁目 |
| 設 置 河 川 | 淀川（1級河川） |
| ゲート形式 | シェル構造180°回転式ゲート |
| 設 置 門 数 | 左岸右岸各1 |
| 寸　　　法 | 径間24.0m×扉高3.03m（右岸）<br>24.0m×　　　2.50m（左岸） |
| 建 設 年 | 平成4年(1994) |
| 事 業 者 | 近畿地方建設局 |
| 施 工 会 社 | (株)栗本鐵工所（右岸） |

## 180°縦回転する陸閘ゲート
## 大阪市民を驚かす画期的技術

　淀川陸閘防潮ゲートは，大阪市西淀川区の淀川河口から4.8km遡ったところにある淀川大橋（国道2号）左右岸に位置し，周辺地域を洪水または高潮から守るため，近畿地方建設局が平成4年に建設したもので，ゲートが180°縦回転して閉鎖するという画期的な方式が採用された．

　このゲートの扉体は，径間が左右岸とも24mという長径間であって，それが180°回転することから，ねじり剛性が大きく経済的でもあるシェル構造とした．また，開閉装置は油圧シリンダ2本で駆動軸をねじることにより扉体を回転させる方式で，2本のうち1本が駆動側，他方が従動側で，常時引張力が作用するように回転方式が採用された．

　淀川大橋は，左右両岸とも橋面高が淀川改修事業における計画高水位程度のところにある．このため，洪水ないし高潮に対する防御機能を維持するためには計画堤防高を確保する必要があり，従来は大橋の左右岸に引戸式の陸閘を設けていた．しかし，老朽化が進んだことから，多面的な技術検討の結果，縦回転式のゲートに改修したものである．大阪市民を守る重要施設の一つである．

# 074 安治川大水門・木津川大水門・尻無川大水門

| 設置場所 | 右岸：大阪府大阪市此花区春日出南 | 左岸：港区弁天 |
|---|---|---|
| | 右岸：大阪府大阪市西成区津守町大正区中口町 | 左岸：大正区三軒家東 |
| | 右岸：大阪府大阪市大正区泉尾 | 左岸：港区岡 |
| 設置河川 | 淀川水系安治川(1級河川) | |
| | 木津川(1級河川) | |
| | 尻無川(1級河川) | |
| ゲート形式 | バイザゲート | |
| 設置門数 | 各1 | |
| 寸　　法 | 径間66.70m×扉高11.90m | |
| 建設年 | 昭和45年(1970) | |
| 事業者 | 大阪府 | |
| 施工会社 | 日立造船(株)，(株)栗本鐵工所・(株)酒井鉄工所JV，三菱重工業(株) | |

## 審美性に優れたわが国初のバイザゲート
## 大阪の高潮対策に新技術で挑む

　安治川大水門・木津川大水門・尻無川大水門は，大阪市の河川河口部に設置した防潮ゲートで，ともに昭和45年に完成した国内初のバイザゲートである．これは大阪府が西大阪一帯における防潮対策の切り札として計画したもので，従来からの防潮堤の嵩上げや防潮水門による高潮対策が限界にきたことから採用した，まったく新しいゲートである．設備は防潮と船通を図るもので，都市圏内にあって全体景観にマッチしており，歴史的価値と技術性，審美性に優れた施設となった．

　この大型水門は，軟弱地盤での建設ということと，船舶航行上のクリアランス確保等，都市河川の特性に対処するため，下部構造はニューマチックケーソンの深礎基礎，上部構造は耐震，耐風安定性はもとより，不等沈下に順応性が高いアーチ型水門が採用された．また，台風時の船舶の緊急避難と上流側の洪水放出に対し，開閉操作性に優れた片開き式ゲート(副水門)が採用された．

　このバイザゲートは，オランダで開発されたものであるが，波浪，風圧，地震をはじめ防潮施設としてのさまざまな条件に適応するため，各種の実験，研究成果を踏まえ設計，施工された水門技術史上画期的なものであった．

# 075　堂島川可動堰

| | |
|---|---|
| 設置場所 | 右岸：大阪府大阪市北区堂島<br>左岸：大阪府大阪市北区中之島1-2 |
| 設置河川 | 淀川水系（1級河川） |
| ゲート形式 | トラス構造ラジアルゲート |
| 設置門数 | 3 |
| 寸　　法 | 径間15.24m×扉高4.30m |
| 建 設 年 | 大正14年（1925） |
| 事業者 | 大阪府 |
| 施工会社 | 大阪鉄工所（日立造船（株）） |

## 現存最古のトラス構造ラジアルゲート
## 景観設計の先駆，大阪市民の憩いの場に

　大阪市が大正14年に，北区堂島・中之島に建設した堂島川可動堰は，大阪の人口増加と工業化が進んだことや，新淀川の改修と大川筋の洪水敷工事によって派川の流速が遅くなって，市内河川の汚れがひどくなったため，これらを解決することを目的としたものであった．

　ただし，設置場所が大阪を代表するビジネス街であるため，その外観美を保つこと，また舟運交通も多いため開閉時間を短縮すること，および洪水流通断面を縮小しないという条件等から，ラジアルゲート（当時はテンターゲートと呼ばれていた）が採用された．ゲートはスパン15.25mが3門と12.19mが1門で，高さは各4.3mであるが，当時スパンが15mを超すラジアルゲートはアメリカ・ハドソン川上流のトロイにあるのみであった．

　舟運の便を考慮して開閉時間を電動で1分，手動でも10分でできるようにし，また，ゲートを開いたときの景観を考慮してアーチ形の歩道橋で覆うようにした．橋は水晶橋と名付けられ，いまも大阪市民に親しまれているが，これに続き，土佐堀川，道頓堀川，長堀川，京町堀河の4か所で同目的の設備が建設された．本可動堰はこうした景観を重視した設備計画の嚆矢となるものといえる．

# 076　千苅貯水池・洪水吐ゲート

| | |
|---|---|
| 設 置 場 所 | 兵庫県神戸市北区道場町生野字北山 |
| 設 置 河 川 | 武庫川水系羽束川（2級河川） |
| ゲート形式 | スライドゲート |
| 設 置 門 数 | 17 |
| 寸　　　法 | 径間3.03m×扉高1.515m |
| 建 設 年 | 大正8年（1919） |
| 改　　　築 | 昭和31年〜昭和34年（1956〜1959） |
| 事 業 者 | 神戸市水道局 |
| 施 工 会 社 | （建設）不明／（改築）久保田鉄工・（株）栗本鐵工所・東亜外業（株） |

## 現存最古のスライドゲート
## 現在も神戸市民の水がめとして活躍

　千苅貯水池は，市民の水道用水確保のため，神戸市が明治41年（1908）に計画をたて，大正3年から8年にかけて神戸市北区道場町の武庫川水系羽束川に建設した重力式コンクリートダムによってできた貯水池である．羽束川と波豆川から流入してくる水を受け，千苅浄水場を経て現在も神戸市と西宮市の水がめとして上水を供給している．このダムの洪水吐ゲート17門は現存最古のスライドゲートで，ゲート技術史上に残る設備である．

　ダムは，その後昭和6年に堰堤を6m嵩上げする工事が行われた．また，31年から34年にかけてゲート改築を行っているが，扉体は鋳鉄製で，開閉形式は改修後2本スピンドル方式になった．

　ダムの高さは42.5mであるが，きれいな石積みで構成されており，洪水吐部の連続性とマッチしてリズミカルな美しさを見せている．また，ダム貯水池は神戸・三田・宝塚の3市域に接していることから，3市が協力してダムの環境維持を図っており，現在ではすっかり風土にマッチした景勝の地，憩いの地として，日常的に市民に親しまれ，利用される場になっている．

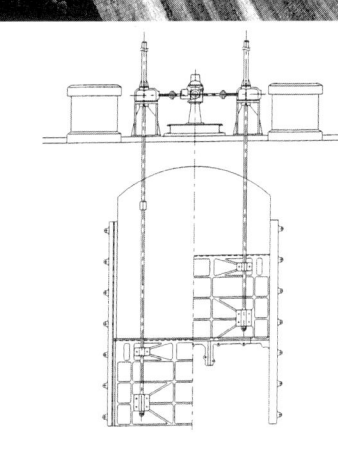

# 077　平荘ダム・取水設備

| | |
|---|---|
| 設 置 場 所 | 兵庫県加古川市平荘町池尻地内 |
| ゲート形式 | フレキシブルパイプ付 |
| 設 置 門 数 | 1 |
| 寸　　　法 | 口径φ0.50m×扉高14.00m |
| 建 設 年 | 昭和41年(1966) |
| 改　　　築 | 昭和45年(1970) |
| 事 業 者 | 兵庫県 |
| 施 工 会 社 | (建設)(株)田原製作所／(改築)川崎重工業(株) |

## フレキシブルゴムホースでフロート式取水
## 簡易，経済的システムで地域に貢献

　平荘ダムは，日量200 000m³の工業用水を東播磨臨海部工業地帯に送り続けること，さらに一部加古川市周辺農地へ灌漑用水を供給することを目的に，昭和41年に兵庫県が建設したものである．ただし，ダム自体の集水面積は小さく，自流による貯水量の確保は困難なため，加古川の余剰水を加古川大堰地点でポンプアップして貯水している．

　このダムの特徴は，目的の一つである灌漑用水の取水設備が，鋼製の取水部フロートと，フロート，導水管を結ぶフレキシブルゴムホースからなる非常に簡易なものであることである．この取水部フロートの動きを規制する仕掛けも，2本のワイヤロープでガイドしているだけである．建設当時はヒンジパイプ式の取水設備であったが，老朽化により現在のゴムホースシステムに改築された．

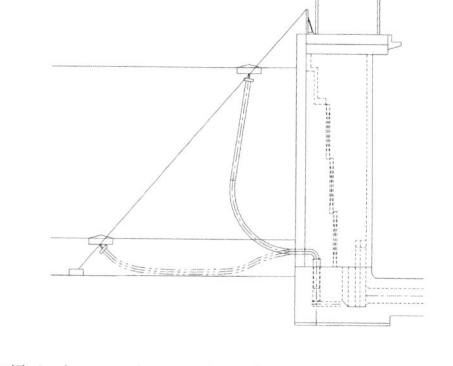

　ダムは，産業活動の血液である工業用水を送り続けることで地域に貢献しているが，灌漑用水についても，取水フロート部しか人の目にはふれないが，水に隠れた部分は簡易で経済的な方式を採用することで，地域に貢献している．

## 078　曽我川頭首工・洪水吐ゲート

| | |
|---|---|
| 設 置 場 所 | 奈良県高市郡高取町兵庫 |
| 設 置 河 川 | 大和川水系富雄川(1級河川) |
| ゲート形式 | 軸ねじり方式起伏ゲート |
| 設 置 門 数 | 1 |
| 寸　　　法 | 径間20.0m×扉高1.2m |
| 建 設 年 | 昭和34年(1959) |
| 事 業 者 | 奈良県 |
| 施 工 会 社 | (株)丸島水門製作所((株)丸島アクアシステム) |

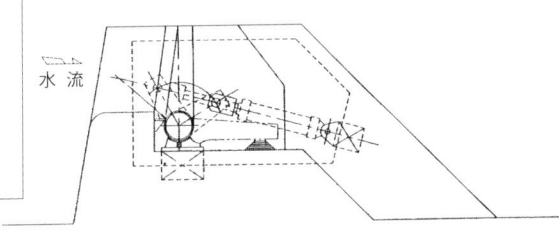

### 初のトルクシャフト型ゲート
### シンプルで機能美と景観美を備える

　曽我川頭首工洪水吐ゲートは，奈良県高取町の大和川水系富雄川中流に，農業用取水のための堰上げと出水時の下流への安全な流下を目的に，昭和34年に奈良県が建設したものである．このゲートに，わが国初の軸ねじり方式が採用された．

　ゲートの構造は，扉体下部回転軸(トルク軸)を片側または両側のトルクアームで支持する方式で，回転モーメントはトルクアームを介して油圧シリンダで支持している．この油圧シリンダは土木構造物(両側ピア)の内部に収納されているため，河川の水位のいかんにかかわらず点検整備が実施できる．また，下部回転軸に縦桁を片持ち状態に取付けて，その前面にスキンプレートを配し，全水圧を回転トルクとして支持させる構造は，強度解析上明快で，きわめてシンプルなものとなっている．

　このため，維持管理面での優位性はもちろんのこと，下流側から見た場合，外観的には扉体しか視野に入らないため，周囲と調和し，景観的にも非常に優れた構造といえる．また，設置当時は扉体背面を油圧シリンダで支持する背面支持方式や，扉体上部の片側または両側をワイヤロープで支持するワイヤロープ引張方式等が主流であっただけに，技術史的にも価値は高い設備である．

# 079　猿谷ダム・制水ゲート

| | |
|---|---|
| 設 置 場 所 | 奈良県吉野郡大塔村大字辻堂大和田 |
| 設 置 河 川 | 新宮川水系十津川（1級河川） |
| ゲート形式 | 2段式ローラゲート |
| 設 置 門 数 | 4 |
| 寸　　　法 | 径間7.5m×扉高10.5m |
| 建 設 年 | 昭和31年(1956) |
| 事 業 者 | 近畿地方建設局 |
| 施 工 会 社 | 三菱重工業（株） |

## 初のフック式2段ローラゲート
## 十津川の水を紀の川へ流す吉野分水の起点

　猿谷ダムは，近畿地方建設局が奈良県大塔村の十津川（新宮川）に昭和31年に建設したもので，大峰山脈から流れてくる水を溜め，天辻分水トンネルを通じて吉野川（紀の川）に分水，西吉野第1，第2発電所の合計46 100kWの発電をしたのち，紀の川流域の潅漑用水として使用している．また，ダムの制水ゲートは上段扉がフック断面で，水圧荷重の半分は下段扉で支持されるいわゆるフック型2段ゲートの国内第1号機である．

　同ゲートは，上下段扉共用の戸溝が1条付いているだけなので，1枚扉と同程度の寸法形状ですむ．また，ワイヤロープは上下段扉にエンドレスに掛ける方式で，上段扉が全開位置でロックされてから下段扉が上昇するため，下段扉の開閉速度を速めることが可能である．

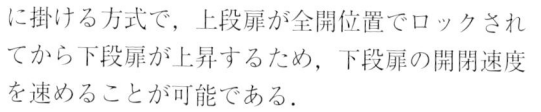

　初期の2段ゲートは，上下段扉用2条の戸溝が，それぞれ所定の閉止位置まで付いており，巻上用ワイヤロープは下段扉に取付けられ，開時は上段扉を突上げて全開するシステムであった．猿谷ダムでは，全開位置で上下段扉が重ねられるため，ピアの高さを低減でき，ダム全体の景観を損なわずにすむという利点もある．この形式は純国産技術でもある．

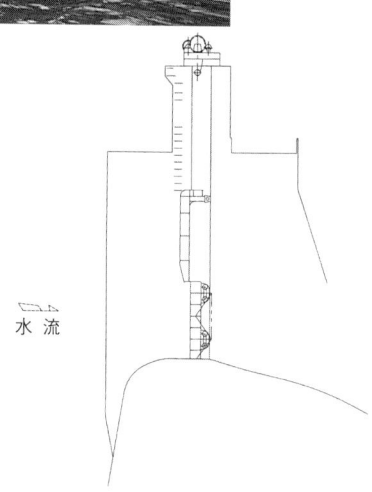

# 080　岩出頭首工・制水ゲート

| | |
|---|---|
| 設 置 場 所 | 和歌山県那賀郡岩出町清水地先 |
| 設 置 河 川 | 紀の川（1級河川） |
| ゲ ー ト 形 式 | シェル構造ローラゲート |
| 設 置 門 数 | 径間30.0m×扉高2.0m |
| 寸　　　　法 | 4 |
| 建 設 年 | 昭和32年（1957） |
| 改　　　築 | 昭和63年（1988） |
| 事 業 者 | 近畿農政局 |
| 施 工 会 社 | 三菱重工業（株） |

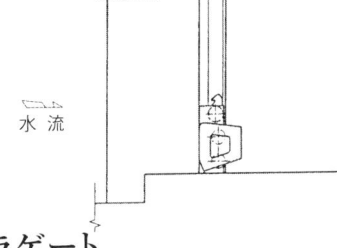

## 長スパンの要請に応える
## わが国初のシェル構造ローラゲート

　岩出堰堤は，奈良県の大台ヶ原に源を発する紀の川が和歌山平野に出たところ，和歌山県岩出町地先に，沿岸1万町歩の耕地に灌漑用水を供給する井堰として，昭和32年に近畿農政局が建設した．ここでわが国初のシェル構造ローラゲートが採用された．

　洪水を安全に流下させるため，ゲートを長スパン化してピア数を減らし，また，上流の旧六箇井堰との関連で堰堤の高さをきわめて低いものにしなければならない．そうした条件に対応する最適のシステムとして考案されたのがシェル構造ローラゲートであった．4門，径間30m，扉高2mのゲートは，スキンプレートを平面として閉鎖時の浮力発生を防ぎ，下流側は流線に沿った曲面の越流板として，背面板および底面板と殻構造を形成する．

　それまでこの種のゲートとしては，ローリングゲートが用いられてきたが，戸当りが相当大きくなり，ピアも大きくする必要があった．その欠点を克服したのがこのシェル構造ローラゲートシステムで，以後種々の改良が加えられ，現在は長径間ゲートの主流形式として全国各地に建設されるようになった．現在のゲートは63年に改築されたものであるが，シェル構造発祥の地として記憶にとどめたい設備である．

# 081　三栖閘門

| | |
|---|---|
| 設 置 場 所 | 京都府京都市伏見区葭島金井戸町地先 |
| 設 置 河 川 | 淀川水系宇治川の支川　濠川(1級河川) |
| ゲート形式 | ストーニーゲート |
| 設 置 門 数 | 2 |
| 寸　　　法 | 径間8.0m×扉高8.594m |
| | 8.0m×　5.00m |
| 建 設 年 | 昭和3年 (1928) |
| 改　　築 | 平成2年 (1990) |
| 事 業 者 | 内務省(近畿地方建設局) |
| 施 工 会 社 | 大阪鉄工(日立造船(株)) |

## 外観を残し伏見港公園のシンボルに
## 昭和初期のストーニーゲート

　三栖閘門は，内務省が昭和3年に，京都市伏見区宇治川支川濠川の本川出口地点に，船運に備えるために洗堰とともに建設したものである．この閘門は現在使用されていないが，ゲートは現在ほとんど残っていないストーニーゲートということから，平成2年に近畿地方建設局の手で旧設備の外観を残したまま更新，いまは伏見港公園のシンボルとして人々の心に刻み残されている．

　淀川は大正6年(1917)に大洪水に見舞われて，7年から淀川改修増補工事が実施されるが，その一環として，淀川の三川合流地点に，木津川と宇治川の間には長い背割堤，桂川と宇治川の間には低い背割堤を築くとともに，宇治川筋の伏見付近は船運の関係で無堤であったのを，鑑月橋から三栖まで新堤を設けて宇治川の洪水侵入を防ぎ，京都市西部に新高瀬川を掘削して高瀬川の水を導くようにした．そのため濠川の宇治川出口のところに閘門を設けたもの．

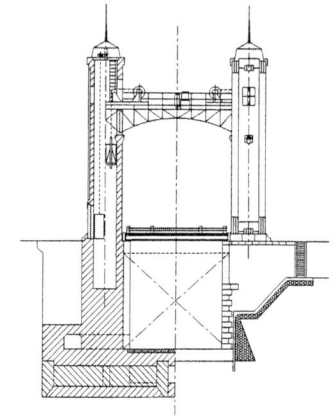

　ただし，ここに採用したストーニーゲートは，スライドゲートからローラゲートへの過渡期にあたる形式で，現在はほとんど見ることができない．洗堰は現在も使用されているが，閘門は記念構造物として保存されることになったものである．

## 082-1 毛馬第一閘門（ストーニーゲート）

| | |
|---|---|
| 設 置 場 所 | 大阪府大阪市北区長柄東3-3 |
| 設 置 河 川 | 淀川（1級河川） |
| ゲート形式 | ストーニーゲート |
| 設 置 門 数 | 1 |
| 寸　　　法 | 径間11.35m×扉高3.31m |
| 建 設 年 | 昭和3年（1928） |
| 事 業 者 | 近畿地方建設局 |
| 施 工 会 社 | （株）丸島水門製作所（（株）丸島アクアシステム） |

### 大阪に残る昭和初期の記念構造物
### 現存最古のストーニーゲート

　大阪市都島区の淀川に設けた毛馬第一閘門は明治40年に建設された．昭和49年（1974）に新しく毛馬水門・閘門が設置されることになり，閘門ゲートとともに撤去されることになったが，これまで果した功績を讃え，また水門技術を後世に残すために，記念構造物としてそのままの姿を残し，保存されることになった．

　同閘門は，大正7年（1918）に毛馬第二閘門が完成したことにより，常時全開状態にして高水時にのみ閉鎖，洪水対策としてだけ機能していた．しかし，昭和3年に淀川改修増補工事で堤防が拡築される際，閘門も翼壁が嵩上げされ，それにあわせて閘門開閉の確実性と操作の迅速性向上のため，前扉の下流部に制水門としてストーニーゲートが設置された．

　ストーニーゲートとは，扉体と側部戸当金物の間に梯子式ローラを介して扉体が受ける全水圧荷重を支持するとともに，水圧負荷状態で開閉操作を円滑に行おうというもの．開閉装置は電動走行式で，扉体を吊下げた状態で常時閘室左岸格納庫に格納しておき，高水時に閘室位置まで自走し扉体を降下させるというもので，昭和39年には近畿地方建設局の手で開閉装置の改良工事が行われ，固定式門構形に改造された．ただし，記念構造物として今後も移りゆく大阪を見守り続けることになる．

## 082-2　毛馬第一閘門（マイタゲート）

| 設置場所 | 大阪府大阪市北区長柄東3-3 |
|---|---|
| 設置河川 | 淀川(1級河川) |
| ゲート形式 | マイタゲート |
| 設置門数 | 1 |
| 寸法 | 径間11.35m×扉高4.3947m |
| 建設年 | 明治40年(1907) |
| 事業者 | 近畿地方建設局 |
| 施工会社 | (改築)(株)丸島水門製作所((株)丸島アクアシステム) |

### 淀川の船運を支えた明治の記念構造物 保存されるマイタゲート

　毛馬第一閘門は，大阪を洪水の脅威から守るため，明治29年(1896)から始った淀川改良工事の一環として，大阪市の旧淀川入口に建設された毛馬洗堰とならんで，明治40年に船運を確保するため建設したもので，形式はマイタゲートであった．これも，ありし日の淀川船運全盛期を偲び，それに果した貢献をいつまでも忘れず残すため，記念構造物として保存されることになった．

　このマイタゲートの扉体はリベット構造で，石積み・煉瓦積みからなる水門に調和した景観は公園的雰囲気をかもし出し，大阪市民憩いの場として当時から賑わった．この後，淀川水位の低下に伴い，長柄運河の船運と周辺地域潅漑用水確保のため，大正7年(1918)に毛馬第二閘門が建設されたため，第一閘門は常時全開状態として高水時だけ閉鎖する洪水対策用ゲートの役割だけをになうことになる．

　近年になって，淀川の流量改訂に伴う新河道計画および大阪湾高潮対策事業計画に基づき，昭和49年(1974)に近畿地方建設局の手で新しく毛馬水門・毛馬閘門が設置され，旧洗堰と閘門は撤去されることになったが，歴史的遺構として保存されることになった．

## 083　引原ダム・流量調節ゲート

| | |
|---|---|
| 設 置 場 所 | 兵庫県宍粟郡波賀町日の原 |
| 設 置 河 川 | 揖保川水系引原川（2級河川） |
| ゲート形式 | フィクストコーンバルブ |
| 設 置 門 数 | 1 |
| 寸　　　法 | 口径 φ0.9m |
| 設 計 水 深 | 32.50m |
| 建 設 年 | 昭和32年（1957） |
| 事 業 者 | 兵庫県 |
| 施 工 会 社 | (株)呉造船所（石川島播磨重工業(株)） |

### 初期の放流用バルブを保存
### フィクストコーンバルブを採用

　引原ダムは，兵庫県が波賀町日の原を流れる揖保川水系引原川に，治水と利水目的に昭和17年（1942）に着工，戦争による工事中断などもあって28年に工事を再開，33年に完成させたものである．このダムの背面には，アメリカで開発されて間もないフィクストコーンバルブを導入，設置した第1号機である．

　このバルブは，従来の仕切弁タイプのものと異なり，高圧下でも流量調節が行える画期的なもので，これ以降，ホロージェットバルブとともに数多くのダムで採用されるようになった．発明者の名をとってハウエルバンガバルブと呼ばれることもある．

　ただし，このバルブも建設後40年を経て老朽化したため，平成9年には設備が更新され，現在はジェットフローゲートに置換えられた．撤去されたバルブは，ダム技術の進歩を後世に伝えるため，化粧直しをして国道29号線から堤頂への入口部に保存されている．また，ダム貯水池の音水湖（おんずいこ）周辺は遊歩道や魚つり公園などが整備され，播州の憩いの場となっているが，今後も景観とあわせてダム技術も県民に親しまれていくことが期待されている．

## 084　尼崎港第一閘門

| | |
|---|---|
| 設 置 場 所 | 兵庫県尼崎市西海岸町 |
| 設 置 河 川 | 尼ヶ崎湾 |
| ゲート形式 | セクタゲート |
| 設 置 門 数 | 1 |
| 寸　　　法 | 径間15.60m×扉高8.00m |
| 建 設 年 | 昭和28年(1953) |
| 事 業 者 | 運輸省第三港湾 |
| 施 工 会 社 | 石川島重工業(株)(石川島播磨重工業(株)) |

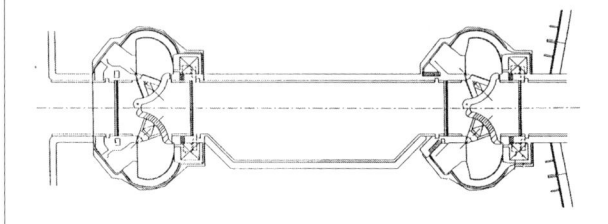

### 現存最古のセクタゲート
### 阪神地方の長い高潮との闘いの記念碑

　運輸省第三港湾局は，昭和25年に阪神地方を襲ったジェーン台風による高潮で潰滅的な被害を受けた尼崎市を防御する目的で防潮堤を建設したが，尼崎港第一閘門は，西海岸町の尼崎港の出入口となるところに設けたもので，29年に完成し，また第二閘門も39年に完成した．この閘門ゲートに採用したのがセクタゲートという形式で，わが国現存最古の設備であるが，老朽化には勝てず現在改築中である．ただし，第一閘門は高潮との闘いの記念碑として，前扉部分は現状のまま保存の予定である．

　同ゲートは，扇形をした2枚の扉を平面的に組合せた形で，大正12年(1923)にスウェーデンで最初につくられ，その後フランスやアメリカで使用実績があるが，尼崎閘門建設時には国内に資料などが無く，運輸省の技術者がアメリカの雑誌に掲載された記事を頼りに設計したというものである．ただし，尼崎でその優れた性能が立証されたため，セクタゲート技術は，その後東雲水門，山の下閘門，新砂水門などに引継がれていく．

　なお，40年余にわたり市民生活を守り続けてきた閘門も，隣接する蓬川水門を統合して一回り大きな二組の閘門に改築されることになり，扉高13.1mと国内最大の新第二閘門は平成7年に完成，新第一閘門も現在建設中である．

## 鋼製ゲート百選　中国・四国地区

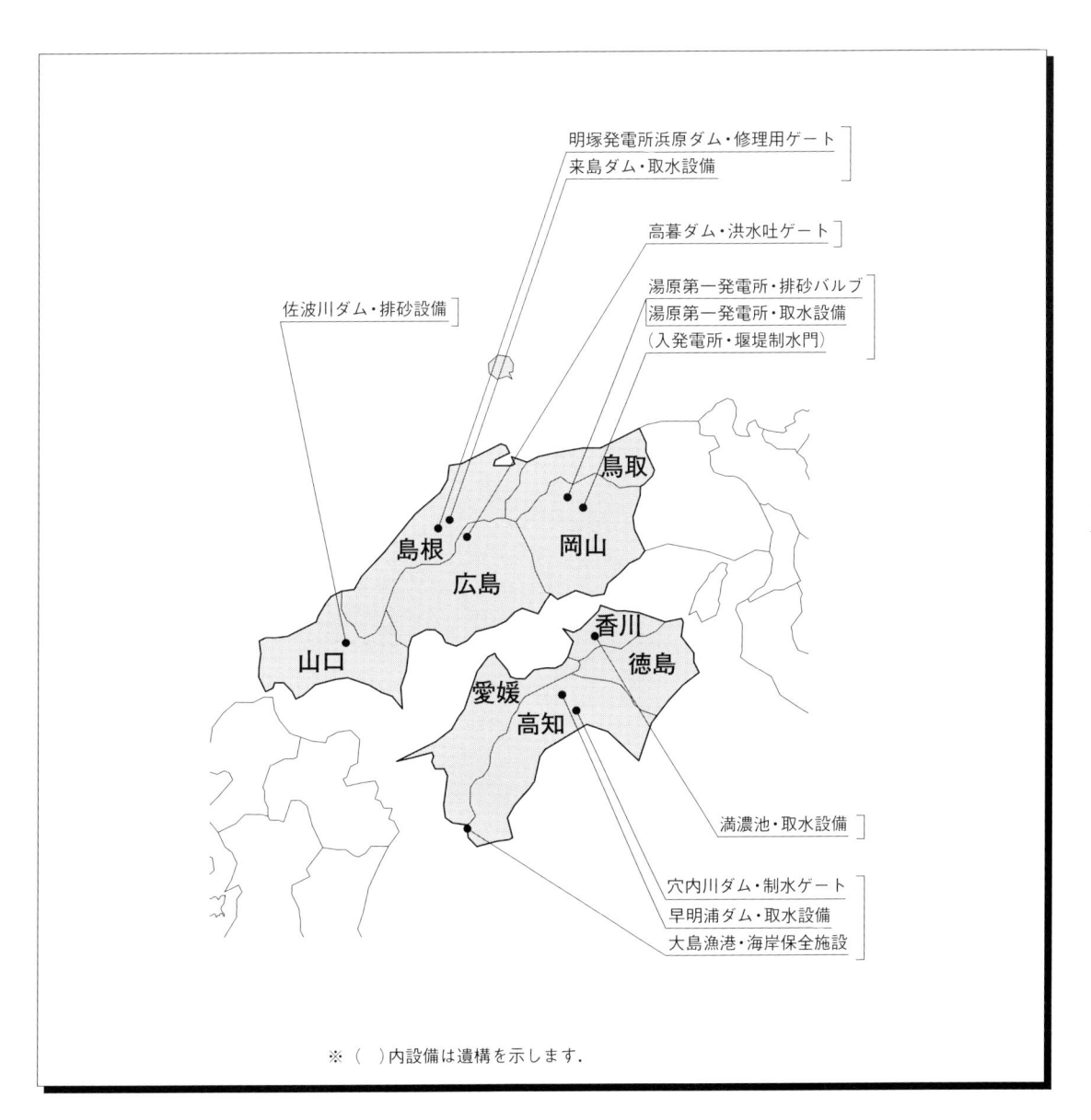

- 明塚発電所浜原ダム・修理用ゲート
- 来島ダム・取水設備
- 高暮ダム・洪水吐ゲート
- 湯原第一発電所・排砂バルブ
- 湯原第一発電所・取水設備
- （入発電所・堰堤制水門）
- 佐波川ダム・排砂設備

鳥取
島根
岡山
広島
山口
香川
徳島
愛媛
高知

- 満濃池・取水設備
- 穴内川ダム・制水ゲート
- 早明浦ダム・取水設備
- 大島漁港・海岸保全施設

※（　）内設備は遺構を示します．

# 085-1 湯原第一発電所・取水設備

| | |
|---|---|
| 設 置 場 所 | 岡山県真庭郡湯原町 |
| 設 置 河 川 | 旭川（1級河川） |
| ゲート形式 | 直線多段式ローラゲート |
| 設 置 門 数 | 1 |
| 寸　　　法 | 径間5.0〜6.5m×扉高 全伸時38.0m |
| | 全縮時 9.75m |
| 建 設 年 | 昭和29年（1954） |
| 事 業 者 | 中国電力㈱ |
| 施 工 会 社 | ㈱田原製作所 |

## 初の直線多段式選択取水ゲート
## ゲート間を特殊金物で接続単純化

　湯原ダムは，岡山県の旭川，全国露天風呂番付西の横綱と称される美作三湯の一つ，湯原温泉の「砂場湯」上流300mの位置に，昭和29年に中国電力が建設した重力式コンクリートダムである．このダム堤体よりさらに上流約1kmの位置に発電用水取水口が設けられているが，その取水口にわが国で初めて表面取水ゲートとして採用された直線多段式ローラゲートが，湯原第一発電所取水ゲートである．

　同ゲートは，常時満水位から最低水位の間の貯水位変動幅32mに対して，ゲートを伸縮させ，常にダム湖の表層清澄温水を取水することができ，最低位の貯水位に対しても，第四段（最下段）ゲートを引上げて取水できるようにしている．ゲート開閉装置は，第一段と第四段ゲート用が二台一組で設置されており，貯水位の変動を検知して自動的にゲートを操作し表層取水または低層取水が行えるよう設定されている．

　この設備は，直線多段式取水ゲートとしての特許成立後，国内設置第一号機で，ゲート規模は現在でも有数の規模を誇る．また，最上段と最下段ゲートにそれぞれ開閉装置を設け，最下段に中間各段のゲートを引っかけて全体を折り畳んだ状態で操作するという，現在最も一般的な手法がこのゲートを原点として始まったものである．

## 085-2 湯原第一発電所・排砂バルブ

| | |
|---|---|
| 設 置 場 所 | 岡山県真庭郡湯原町 |
| 設 置 河 川 | 旭川(1級河川) |
| ゲート形式 | ポートホロワゲート |
| 設 置 門 数 | 1 |
| 寸　　　法 | 口径 φ1.2m |
| 設 計 水 深 | 50.0m |
| 建 設 年 | 昭和29年(1954) |
| 事 業 者 | 中国電力(株) |
| 施 工 会 社 | (株)田原製作所 |

### 初のポートホロワゲート
### 流砂に対し有利な構造に

　湯原第一発電所堰堤は，岡山県にある美作三湯の一つ湯原温泉のある湯原町の旭川に，中国電力が昭和29年に洪水調節と電力供給を目的として建設した重力式コンクリートダムである．このダムのゲートには，わが国で初めてポートホロワゲートが採用された．

　このゲートは，リングシールゲート同様，管路の上下部にケーシングを有し，扉体は水密用のバルクヘッド部と通水用のホロワ部から構成されたローラゲートである．全開時，放流管内径とホロワ部内径が一致し，水路内に戸溝がまったくない状態となり，水頭損失または流砂に対し有利な構造となっている．ただし，ポートホロワゲートの扉体はリングシールゲートと逆に，下部が水密用バルクヘッド部，上部が通水用ホロワ部になっており，ゲートリーフを下方に下げて水路を開く機構となっている．これは放流時，下部ケーシング内へ流砂が侵入し難くしたものであり，国内でも実施例はきわめて少ない．

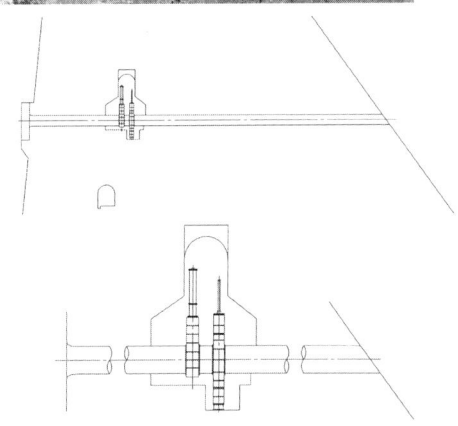

　泉質も良く，湯量も豊富，スキーやキャンプ場など四季を通じて親しまれる温泉場から目のあたりにできるこの堰堤は，人々の生活と密接にかかる施設でもある．

## 086 明塚発電所浜原ダム・修理用ゲート

| | |
|---|---|
| 設 置 場 所 | 島根県邑智郡邑智町大字信喜字築平 |
| 設 置 河 川 | 江の川(一級河川) |
| ゲート形式 | フローティングゲート |
| 設 置 門 数 | 1 |
| 寸　　　法 | 径間 14.00m×扉高 9.30m |
| 建 設 年 | 昭和32年(1957) |
| 改　　　築 | 昭和63年(1988) |
| 事 業 者 | 中国電力(株) |
| 施 工 会 社 | (建設)(株)田原製作所／(改築)川崎重工業(株) |

### 初のフローティングゲート
### ピア形状に対応し支間調整が可能

　浜原ダムは，中国電力が島根県邑智町上川戸と信喜の間を流れる江の川に，昭和32年に建設した発電専用のダムで，約1km離れた明塚発電所で最大出力25 000kWの発電を行っている．このダムには12門のクレストゲートや発電用取水設備，排砂設備等が設けられているが，クレストゲートの修理用として，わが国では初のフローティングゲートが設けられている．

　このフローティングゲートは手動・空気圧操作方式で，水圧荷重をクレストピアの張出部先端で支持する構造になっており，さらに左岸支持部は交換が可能で，この部分を取替えることにより，ピアの張出寸法の大小に合せた対応が可能なようになっている．また，フローティングゲートの非使用時には，ダム左岸上流700mのドック内にドライ状態で格納されている．

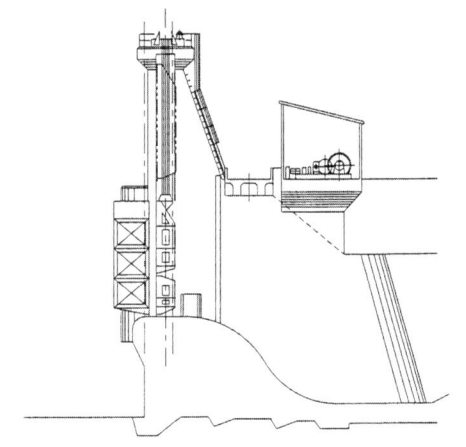

　ダムは，フローティングゲートが使用されている時の見学の楽しさとともに，湖面に写る三瓶山の景観と，カヌーの練習場・競技場として有名であり，下流にはカヌー博物館や三瓶温泉等もあって，古くから人々に親しまれている．

# 087　来島ダム・取水設備

| | |
|---|---|
| 設 置 場 所 | 島根県飯石郡赤来町 |
| 設 置 河 川 | 神戸川水系神戸川(2級河川) |
| ゲート形式 | ヒンジパイプ式ゲート |
| 設置門数 | 1 |
| 寸　　　法 | 口径φ0.4m×扉高11.90m |
| 建 設 年 | 昭和31年(1956) |
| 事 業 者 | 中国電力(株) |
| 施工会社 | (株)田原製作所 |

## 初のヒンジパイプ式取水ゲート
## 自然との一体調和図る

　来島ダムは，中国電力が発電専用のダムとして，昭和31年，島根県赤来町の神戸川に建設したものである．ダムゲート設備としては，ダム頂部に設けられたクレストラジアルゲート3門をはじめヒンジパイプ式ゲート，発電用取水口制水門，小容量放流設備，管路型排砂設備等を有しているが，いずれも自然環境と調和しつつ，建設以来有効に機能している．

　取水設備形式は，孔数3孔の多孔式で，各孔の切替バルブにスルースバルブを使用した一般的な構造である．ただし，この設備で特筆すべき点は，第1孔にヒンジパイプを取付け，貯水面から第1孔位置まで表面取水が連続的に行えるようになっていることで，わが国でも初めての例である．

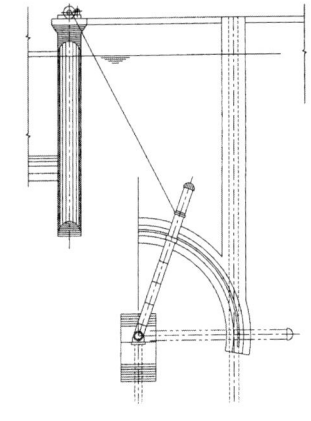

　来島ダムは，年間を通じて定められた流量をそのまま神戸川に放流し，下流域の環境保全と灌漑に貢献しているが，さらにダム周辺には三瓶，琴引，赤名といったスキー場やキャンプ場があり，ダムと自然が一体調和して，四季を通じて多くの人に親しまれ，利用されている．

## 088 高暮ダム・洪水吐ゲート

| | |
|---|---|
| 設 置 場 所 | 広島県比婆郡高野町高暮 |
| 設 置 河 川 | 江の川水系神野瀬川（1級河川） |
| ゲート形式 | トラス構造ラジアルゲート |
| 設 置 門 数 | 5 |
| 寸　　　法 | 径間8.0m×扉高5.50m |
| 建 設 年 | 昭和24年（1949） |
| 事 業 者 | 日本発送電（中国電力（株）） |
| 施 工 会 社 | （株）田原製作所 |

### 水門の歴史に残る施設
### 鳥居型ラーメン構造クレストラジアルゲート

　高暮ダムは，昭和24年，広島県高野町の江の川水系神野瀬川上流域に，日本発送電（現在は中国電力）が発電専用ダムとして建設した，堤高61mの直線重力式コンクリートダムである．このダムの越流頂にスパン8m，高さ5.5mの余水吐ゲート（ラジアルゲート）5門が設置された．

　このゲートは，主桁と脚柱との構成を鳥居型ラーメン構造としたクレストラジアルゲートで，主桁・脚柱・縦桁とも総てトラス構造となっており，全体にバランスのとれた優美な断面形状をしている．また，開閉機の方式は扉体前面ワイヤロープ巻取式，基礎材は付着方式を採用している．

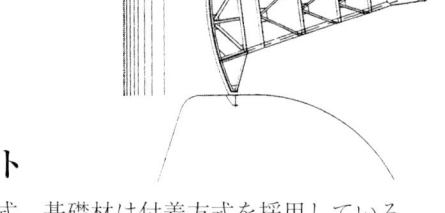

　この鳥居型ラーメン構造のクレストラジアルゲートは，同時代の類例として九州発送電の岩屋戸発電所（8m×6.8m，8門，昭和17年）や宮崎県電気局の石河内発電所（7.5m×6.1m，昭和26年）などがあるが，それらの施設とともに，この高暮ダムはわが国で現存する最も古いものの一つに属し，歴史性とともに技術的にも評価は高い．また，バランスのとれた断面形状は周辺景観とも調和した設備となっている．

# 089　佐波川ダム・排砂設備

| | |
|---|---|
| 設 置 場 所 | 山口県佐波郡徳地町野谷620 |
| 設 置 河 川 | 佐波川水系佐波川（1級河川） |
| ゲ ー ト 形 | ゲートバルブ |
| 設 置 門 数 | 2 |
| 寸　　　　法 | 口径φ0.9m |
| 設 計 水 深 | 18.50m |
| 建 設 年 | 昭和31年（1956） |
| 事 業 者 | 山口県 |
| 施 工 会 社 | （株）呉造船所（石川島播磨重工業（株）） |

## 放流設備技術開発の過渡的システム 初のゲートバルブ採用

　佐波川ダムは，山口県が徳地町の佐波川に，洪水調節，潅漑，都市用水，発電用等の多目的ダムとして，昭和31年に建設したものである．現在では，佐波川流域の農業，工業になくてはならない存在になっている．このダムの排砂設備に初めてゲートバルブが用いられた．

　ゲートバルブは全開でしか放流できず，現在の技術からみると採用されることはありえないが，昭和20年代後半といえば，現在使用されているジェットフローゲートなどの優れた高圧放流用ゲートはわが国に存在していなかった．フィックストコーンバルブ，ホロージェットバルブなどの導入も佐波川ダムより数年後のことで，当時は水道用の仕切弁に使われていたゲートバルブしかなかったというのが採用の理由である．

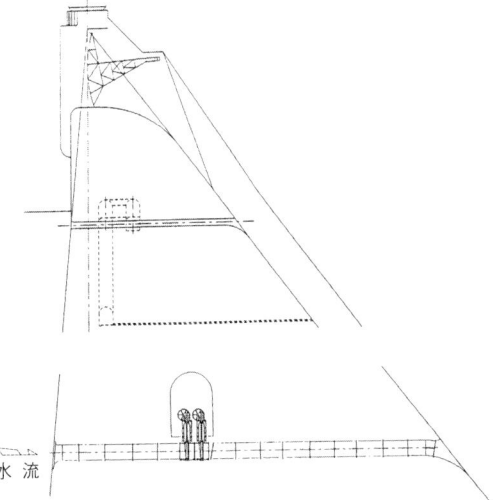

　最近は，河川維持用水放流の要請が高まっていて，その際は，排砂設備で調節放流を行う必要も出てきている．そのため，放流設備の過渡期に建設されたゲートバルブは，他の技術的に優れたバルブに取って代わられる運命といえる．それでも，ゲートバルブの第1号機という名誉を失うものではない．

# 090 満濃池・取水設備

| | |
|---|---|
| 設 置 場 所 | 香川県中多度郡満濃町神野 |
| 設 置 河 川 | 金倉川水系満濃池 |
| ゲート形式 | 多孔式取水塔(間接取水方式) |
| 設 置 門 数 | 8 |
| 寸　　　法 | 口径φ0.8m |
| 建 設 年 | 昭和34年(1959) |
| 改　　　築 | 平成4年(1992)(開閉機の電動化) |
| 事 業 者 | 香川県 |
| 施 工 会 社 | (株)丸島水門製作所((株)丸島アクアシステム) |

## 弘法大師の伝承残る歴史的土木施設
## 現存最古の間接式取水方式

満濃池は，香川県満濃町に，弘法大師が周辺農民に必要な水を確保するため築造したと伝えられる，わが国土木史上にさん然と輝く施設である．現在の池は農業用水の供給を目的に，昭和34年に香川県が整備し直したもので，溜池内に間接取水方式の多孔式取水設備が設置された．

同設備は，大規模かつ本格的なもので，この種の取水設備の先駆的な例と位置づけられる．バルブタワーとも呼ばれ，溜池内に独立した鋼製竪管をコンクリート製取水塔内部に配し，竪管には必要数の水平枝管を設け，枝管呑口部にスクリーン，呑口と竪管の間に取水バルブを取付けた構造となっている．したがって，取水塔内部には水が入ることはなく，溜池の水位にかかわらず，取水中にも塔内に入ることができ，点検・整備も容易に行える．

平成4年に取水塔本体の一部，開閉装置，バルブ等の改修・取替えを行ったが，外観は建設当時の姿をそのまま残している．全国溜池の60％が集中する中・四国地方の代表格といえる満濃池は，長い歴史の中で地域住民との深いかかわりの跡もとどめている．

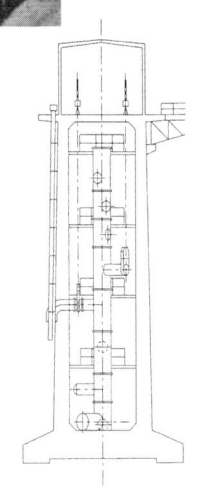

## 091　早明浦ダム・取水設備

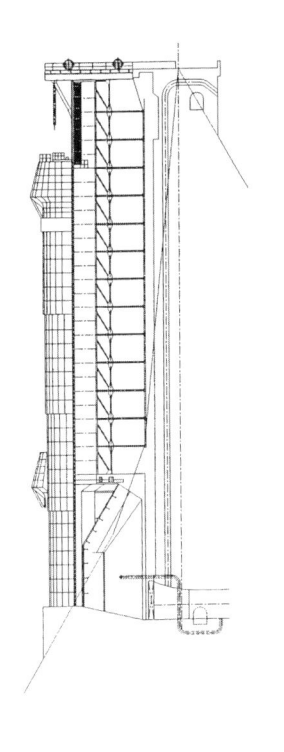

| | |
|---|---|
| 設置場所 | 高知県長岡郡本山町吉野 |
| 設置河川 | 吉野川（1級河川） |
| ゲート形式 | 半円形多段ゲート |
| 設置門数 | 1 |
| 寸　　法 | 越流長16.912m×59.00m |
| 建設年 | 昭和52年（1977） |
| 事業者 | 電源開発（株） |
| 施工会社 | （株）田原製作所 |

### 濁水に悩まされた末の知恵
### 既設ダムに大型半円形取水設備設置

　早明浦ダムは，高知県本山町の吉野川上流域に，電源開発が昭和48年（1973）に建設した多目的ダムである．一次湛水を終えた後の47年6月の梅雨前線の停滞による降雨と，同年7月の台風20号等により多量の濁水がダムに貯留され，その後の利水放流や発電放流に伴って，下流域に深刻な濁水問題を生じさせた．この問題を解決するために，発電用取水口に表面取水設備を新たに取付けることにしたのが大型半円形取水設備で，52年に設置された．

　設備設置にあたっては，①取水量が65m³/sと大きいこと，②取水範囲が56mに及ぶこと，③ダム水位を低下させた限られた工期内に施工しなければならないこと，等を考慮して，堤体付の鋼製取水塔を有する下流側固定部（塔体部）と，そのすぐ上流側に配置された半円形ゲートの可動部分との組合せで円形閉合断面を形成することにした．この半円形ローラゲートはテレスコープ式の4段とし，上3段は貯水池の水位に応じて自動昇降し，必要な呑口取水深を確保できる作動機構を，最下段のゲートは角落とし形式とし，必要に応じて人為的に操作する形式とした．

　既設ダムへの大型取水設備設置の典型例である．

# 092　穴内川ダム・制水ゲート[29]

| | |
|---|---|
| 設 置 場 所 | 高知県香美郡土佐山田町大字樫谷 |
| 設 置 河 川 | 吉野川水系穴内川(1級河川) |
| ゲート形式 | ラジアルゲート |
| 設 置 門 数 | 2 |
| 寸　　　法 | 径間10.00m×扉高8.20m |
| 建 設 年 | 昭和38年(1963) |
| 事 業 者 | 四国電力(株) |
| 施 工 会 社 | (株)酒井鉄工所 |

## 数少ない単脚ラジアルゲート
## コスト縮減へ先駆的な施設

　穴内川ダム制水ゲートは，高知県土佐山田町の吉野川水系穴内川に，流域変更による高知平野の灌漑用水の補給と高落差を利用しての発電を目的に，四国電力の手で昭和38年に建設された穴内川発電所ダムのゲートである．

　ゲートは洪水流量調節のため設置したものであり，形式はヒンジ形式のラジアルゲートで，施工性向上による工費削減を図るため，従来は2本以上の脚柱をもっていたのを簡単で使用部材の数も少ない単脚構造にし，大型部材で組立てることにより据付工数の大幅削減を図った．全体的にも部分的にも剛性が大きく，局部変形や全体的な変形を生じることはない．ただし，堰堤への単脚ラジアルゲート設置例は少ない．

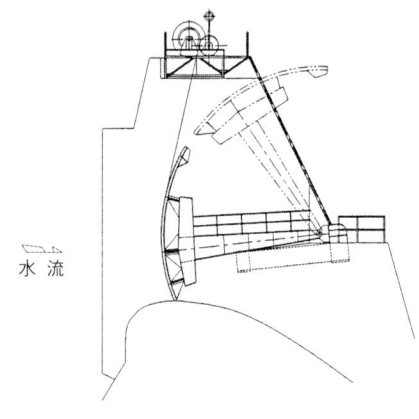

　明治26，27年(1893，94)に土佐で起こった大旱魃を機に穴内川の開発が着手され，高知県は京都琵琶湖疏水における水力発電の有利性に着目，33年には甫喜峯疏水を竣工させ，42年には平山発電所を完成させる．昭和39年には，甫喜峯疏水を利用した12 500kWの穴内川水力発電所が運転開始するが，そうした歴史的経緯とともに，工数削減といった観点から，今後単脚ラジアルゲートは見直されそうである．

## 093　大島漁港・海岸保全施設

| | |
|---|---|
| 設置場所 | 高知県宿毛市片島（大島漁港） |
| ゲート形式 | 起伏ゲート |
| 設置門数 | 2 |
| 寸　　法 | 径間30.00m×扉高1.30m |
| 建設年 | 昭和62年(1987) |
| 事業者 | 高知県 |
| 施工会社 | 西田鉄工(株) |

### 陸閘起伏ゲートにステンレスを採用
### 舗装が施されてゲートを感じさせない陸閘

　大島漁港海岸保全施設ゲートは，高知県が宿毛市片島の大島漁港の荷揚場に隣接して，昭和62年に設置した高潮対策用の起伏式陸閘ゲートである．扉高1.3m，径間30mの陸閘ゲートは，常時は倒伏状態にして，ゲート上を人や車両が往来できるようにしており，そのためゲートの材質はステンレス，表面にはアスファルト舗装が施され，道路の曲がり等の制約に対して十分強度のあるものとなっているが，そこがゲートとは思われない施設となっている．

　陸閘ゲートに起伏ゲートが採用された例はきわめて珍しい．通常は横引きゲートを採用する例が多いが，設置状況から，格納スペースおよびスパン，車両重量と通行による道路の曲がり等の制約を考慮して，起伏ゲートが最適となったもので，それだけに希少価値のある施設となった．

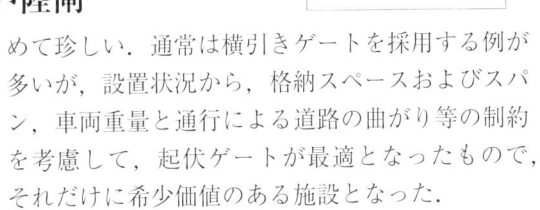

　このゲートは常時倒伏状態にあり，しかもゲート表面はアスファルト舗装されているため，まったくゲートを感じさせない．それだけに地域に適合，溶け込んだ，周辺環境に対しても調和のとれたゲートといえる．

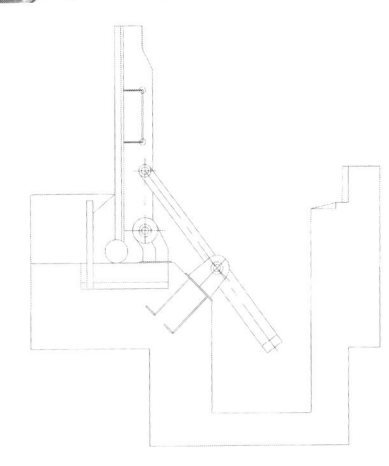

## 094　入発電所・堰堤制水門

| | |
|---|---|
| 設 置 場 所 | 岡山県苫田郡奥津町 |
| 設 置 河 川 | 吉井川水系吉井川(1級河川) |
| ゲート形式 | ラジアルゲート |
| 設 置 門 数 | 2 |
| 寸　　　法 | 径間15.15m×扉高3.636m |
| 建 設 年 | 昭和9年(1934) |
| 事 業 者 | 山陽中央水電株式会社(中国電力(株)) |
| 施 工 会 社 | (株)酒井鉄工所 |

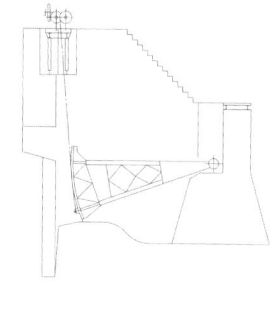

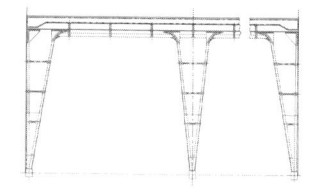

### わが国唯一の2径間連続ラジアルゲート
### 苫田ダムの陰に消える運命に

　入ダム堰堤ゲートは，岡山県奥津町の吉井川に，山陽中央水電(中国電力)が昭和9年に建設した発電所用の堰堤制水ゲートで，左岸側から径間15.15mのわが国では唯一の門形主構2径間連続ラジアルゲート2門と，径間7.57mの門形主構ラジアルゲート1門で構成されている．ただし，この設備は直ぐ下流に建設される苫田ダムの工事の際の仮締切に転用された後，消える運命にある．

　2径間連続ラジアルゲートの中間支持は，径間中央に左右の脚柱と同じものを取付けて支持している．扉体の骨組構造は縦トラス桁横主桁方式で，水圧荷重はスキンプレート・横主桁・脚柱を通り，半割でボルト接合のトラニオン軸受からトラニオンピンへ，さらにピアコンクリートに伝達される．ピア幅はすべて1212mmと薄い．また，扉体全体はリベット接合で組立てられている．スキンプレートの板厚も薄く，水密に関しては側部はLゴムで底部は木材の先端に6mmの平ゴムを取付けたゴム水密となっている．開閉装置は扉体前面巻上方式で，堤体上には電動機と予備のガソリンエンジンが設置され，3門同時に動かせる連結軸が1本通っている．

　65年を経過した現在も健在の設備であるが，間もなく消える運命とは残念である．

# 鋼製ゲート百選　九州・沖縄地区

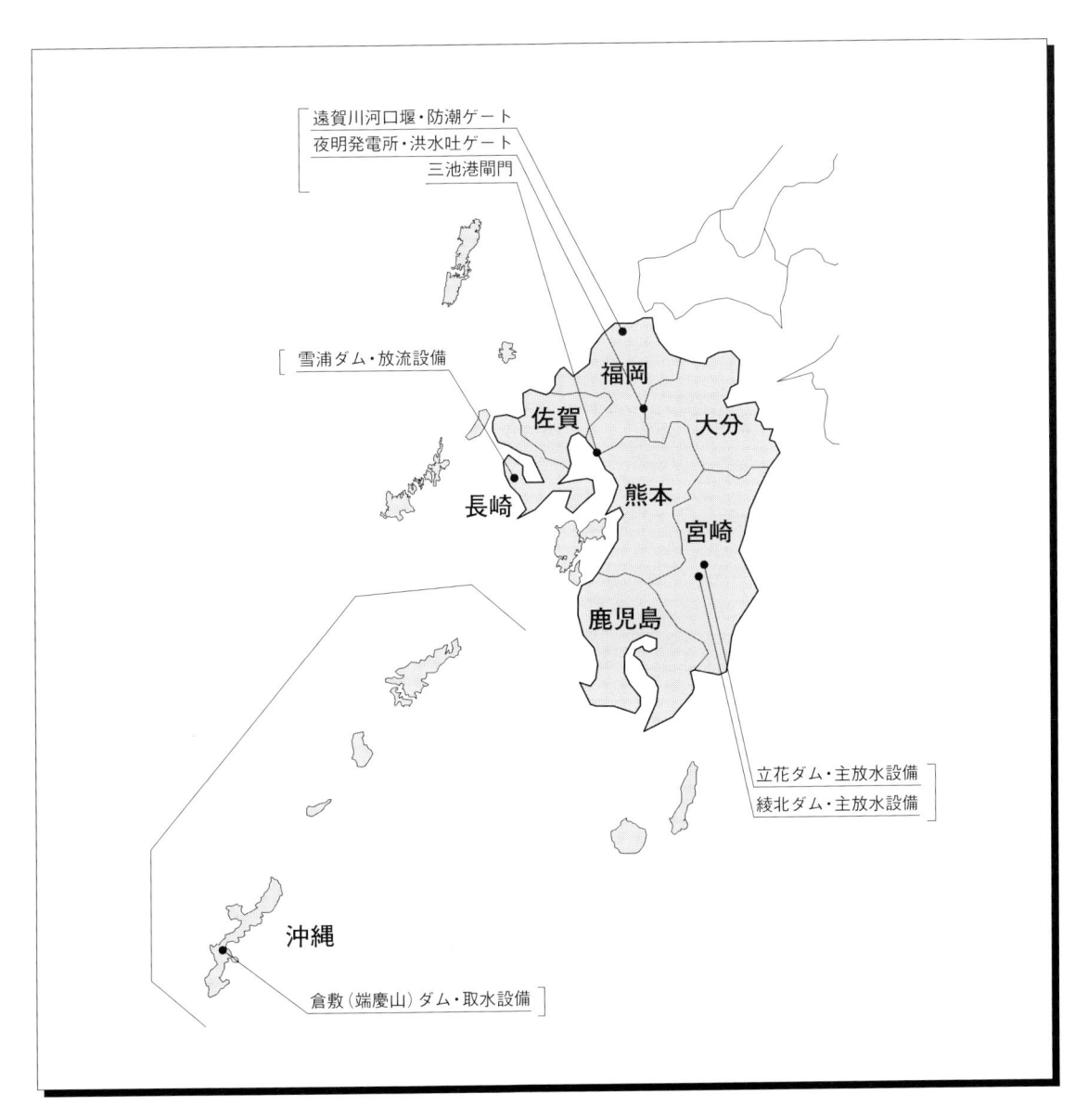

- 遠賀川河口堰・防潮ゲート
- 夜明発電所・洪水吐ゲート
- 三池港閘門
- 雪浦ダム・放流設備
- 立花ダム・主放水設備
- 綾北ダム・主放水設備
- 倉敷（端慶山）ダム・取水設備

福岡
佐賀
大分
長崎
熊本
宮崎
鹿児島
沖縄

## 095 遠賀川河口堰・防潮ゲート

| | |
|---|---|
| 設 置 場 所 | （右岸）福岡県遠賀郡水巻町 |
| | （左岸）福岡県遠賀郡芦屋町 |
| 設 置 河 川 | 遠賀川（1級河川） |
| ゲート形式 | 積み重ね式2段ローラゲート |
| 設 置 門 数 | 1 |
| 寸　　　 法 | 径間46.50m×扉高6.50m |
| 建 設 年 | 昭和54年（1979） |
| 事 業 者 | 九州地方建設局 |
| 施 工 会 社 | (株)栗本鐵工所 |

### 海側にスキンプレートを配す 北九州地区の都市用水供給源

福岡県嘉穂郡の馬見山に源を発し、筑豊平野を北に貫流して響灘に注ぐ遠賀川に、昭和54年、九州地方建設局が遠賀川河口堰を建設した。河口より9km地点にあった北九州市取水堰（固定堰）を撤去して、河口より2km地点の水巻町に、深刻な水不足に悩む周辺2市4町への都市用水供給と塩水遡上防止を目的につくられたものである。堰には、スパン46.5mの制水ゲート7門と、スパン46.6mの調整ゲート1門、それに微調節ゲート・魚道ゲートが設置された。

この調整ゲートは2段式積み重ね式のシェル構造ローラゲートで、海からの波圧が作用しても扉体が浮上がらないよう、上下段とも海側にスキンプレートを向けた構造となっているのが特徴である。

この海側にスキンプレートを向けた構造の採用例は少ないが、2段式ゲートの歴史に残る設備であるとともに、遠賀川は縄文、弥生時代から人の生活に深くかかわっており、最近まで筑豊炭の運搬路として、また北九州地区の都市用水、工業用水の供給源として高度に利用されてきた。この堰堤建設は、さらに地域住民との新しいかかわりをつくり出す場になりつつあるといえよう。

## 096　夜明発電所・洪水吐ゲート

| 設置場所 | 右岸：大分県日田市大字夜明<br>左岸：福岡県浮羽郡浮羽町大字三春 |
|---|---|
| 設置河川 | 筑後川（1級河川） |
| ゲート形式 | 2枚ローラゲート |
| 設置門数 | 8 |
| 寸　　法 | 径間15.60m×扉高11.00m |
| 建　設　年 | 昭和29年（1954） |
| 事業者 | 九州電力（株） |
| 施工会社 | 石川島重工業（株）（石川島播磨重工業（株）） |

### ローラゲート技術の夜明けに初のロッカビーム方式採用

　大分県日田市の筑後川夜明ダムは，九州電力が戦後の経済復興に伴う電力需要の増大に対応して昭和29年に完成させた，出力12000kWのダム水路式発電所用ダムである．このダムには洪水吐として8門の大型ローラゲートが設けられている．筑後川の洪水の際，ゲートを開けてダムの安全を守るためである．

　ゲートの規模は径間15.6m，高さ11mで，当時としてはきわめて大きい寸法である．このため扉体は上下に2分割，リンク結合することにより，独立した上下二つのローラゲートとして設計することが可能となった．また，二枚の扉体に作用する水圧荷重はロッカビームというローラ支持形式を用い，堤体コンクリートに伝達されている．このロッカビームによりローラを支持する形式の採用はここが初めてであり，大型ローラゲートの実現を可能ならしめた「技術の夜明け」と呼ぶにふさわしいものであった．

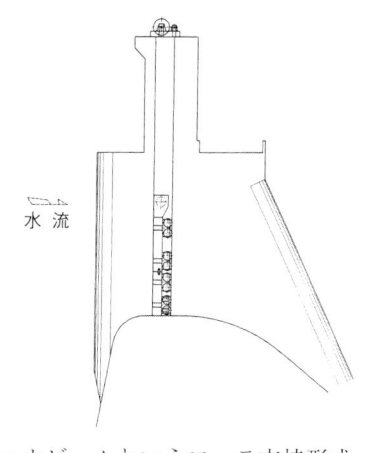

　大分自動車道日田インターから国道386号を筑後川沿いに下ると，川幅いっぱいに並ぶ夜明ダムの洪水吐ゲートの雄姿が見えてくる．コンクリートピアとトラス形式の操作橋のつくりだす連続性はリズミカルで，実によく周辺環境とマッチしている．

## 097　三池港閘門

| | |
|---|---|
| 設 置 場 所 | 福岡県大牟田市新港町 |
| 設 置 河 川 | 三池港 |
| ゲート形式 | マイタゲート |
| 設 置 門 数 | 1 |
| 寸　　　法 | 径間20.12m×扉高8.54m |
| 建 設 年 | 明治41年(1908) |
| 改　　　築 | 昭和27年(1952)(扉体を予備扉体と交換) |
| 事 業 者 | 三池鉱山 |
| 施 工 会 社 | テームズ・シビル・エンジニアリング社(英国) |

### 明治に設置された水圧シリンダの設備
### 閘門として歴史的に重要な設備

　三池港は，三池炭鉱の石炭積出し港として明治41年に三井鉱山によって築造された人工港である．有明海は，干満の差が最大約5.5mもあるため，船舶が安全に接岸できるよう船渠内の潮位を一定に保つ閘門が設けられた．

　閘門は，船渠と内港との間の横幅20.12m，縦幅37.51mの水路に設けられ，最大幅18.5mの船が通行可能となり，船渠内では1万トン級の船舶の荷役が可能となった．

　閘門は，船渠側に観音開きとなる2枚の鋼製の扉体で，1枚の大きさは長さ12.12m，高さ8.54m，厚さ1.20mである．英国テームズ・シビル・エンジニアリング社製で，扉体の回転支持部には，海水や船虫に強く，世界で最も重硬な南米産のグリーンハートと呼ばれる木材が使用されている．

　扉体の開閉操作は，当初のまま水圧シリンダで行われており，扉体に作用する水圧も利用して約3分で開閉できる．

　昭和27年に扉体は，築港当時に製作されていた予備扉体と交換されたが，当初の姿をよくとどめており，船渠内の船積作業に貢献している閘門として歴史的に重要な設備である．

# 098　雪浦ダム・放流設備

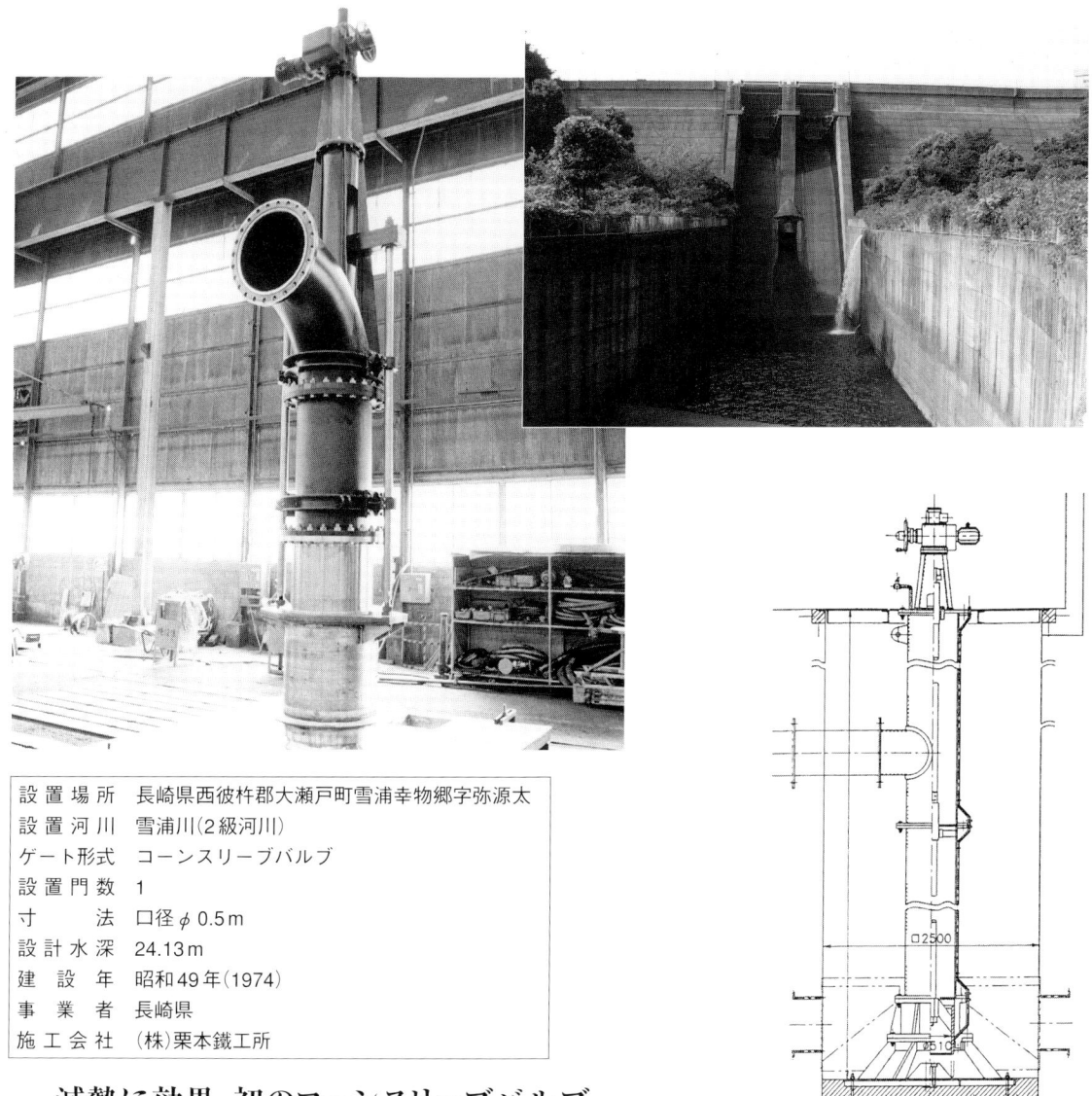

| | |
|---|---|
| 設 置 場 所 | 長崎県西彼杵郡大瀬戸町雪浦幸物郷字弥源太 |
| 設 置 河 川 | 雪浦川（2級河川） |
| ゲート形式 | コーンスリーブバルブ |
| 設 置 門 数 | 1 |
| 寸　　　法 | 口径 φ0.5m |
| 設 計 水 深 | 24.13m |
| 建 設 年 | 昭和49年（1974） |
| 事 業 者 | 長崎県 |
| 施 工 会 社 | （株）栗本鐵工所 |

## 減勢に効果，初のコーンスリーブバルブ
## 長崎市の水源として重要な役割も

　雪浦ダムは，昭和49年，長崎県が豪雨地帯にかかわらず地勢的に水不足に悩む長崎市への上水供給を目的に，大瀬戸町の西彼杵半島を貫流する雪浦川に建設したものである．この放流設備に，水勢を減勢するためコーンスリーブバルブがわが国で初めて採用された．

　コーンスリーブバルブは，放流管の出口直下にコーンを設置し，これに外接するスリーブを装着し，スリーブを上下駆動させることによって開閉を行うものである．放流水はコーンによって減勢槽内に拡散するため，きわめて優れた減勢効果が得られるバルブである．そのため，今日では数多くのダムに採用されている機種である．

　長崎市および雪浦川流域は，わが国でも特異な水文環境にある．梅雨期には東シナ海から吹込む湿った空気によりきわめて集中性の高い，いわゆる集中豪雨地域で，水害も多い．そのくせ，江戸時代から唯一西洋に窓を開いていた坂の街長崎市は，常に水不足に悩まされている街でもあった．その意味でも，雪浦ダムは長崎市民にとって貴重な水がめとなっている．

# 099 立花ダム・主放水設備

| | |
|---|---|
| 設置場所 | 宮崎県西都市大字寒川字蛇篭 |
| 設置河川 | 一ツ瀬川水系三財川(1級河川) |
| ゲート形式 | 高圧ラジアルゲート |
| 設置門数 | 1 |
| 寸　　法 | 径間3.40m×扉高3.011m |
| 設計水深 | 53.5m |
| 建 設 年 | 昭和38年(1963) |
| 事 業 者 | 宮崎県 |
| 施工会社 | (株)田原製作所 |

## ゴム不連続水密方式の原型に
## 底部もゴム水密とした初の高圧ラジアルゲート

立花ダムは，宮崎県が治水・潅漑・発電を目的とした三財川総合開発事業の一環として西都市寒川で昭和35年に着工し，昭和38年に完成をみた多目的重力式コンクリートダムである．立花ダム主放流設備は，わが国で初めてゴム不連続水密方式を採用した設備である．立花ダム主放流設備より先に完成していた宮崎県の綾瀬北ダムでは，この立花ダム主放流ゲートの結果を見て，底部の金属水密方式をゴム水密方式に切換えている．

高圧ラジアルゲートの水密方式は，圧着方式と摺動方式に大別され，さらに摺動方式は水密ゴムの取付け位置によって，戸当り側ゴム連続式，扉体側ゴム連続式，ゴム不連続式の3タイプに分類できる．洪水調節用のゲートとして高圧ラジアルゲートを採用した最初の例は，圧着方式が二瀬ダム(昭和36年)，摺動方式が綾北ダム(昭和35年)であるが，立花ダムはそれに続くもので，底部もゴム水密とした最初の例である．

現在わが国には50例を超えるゴム不連続式高圧ラジアルゲートが設置されているが，立花ダム主放流設備はこれらの原型となったものである．

## 100　綾北ダム・主放水設備

| 設 置 場 所 | 宮崎県西諸県郡須木村字下宇都 |
|---|---|
| 設 置 河 川 | 大淀川水系綾北川（1級河川） |
| ゲート形式 | 高圧ラジアルゲート |
| 設置門数 | 2 |
| 寸　　　法 | 径間5.60m×扉高5.127m |
| 設 計 水 深 | 34.127m |
| 建 設 年 | 昭和35年（1960） |
| 事 業 者 | 宮崎県 |
| 施工会社 | （株）田原製作所 |

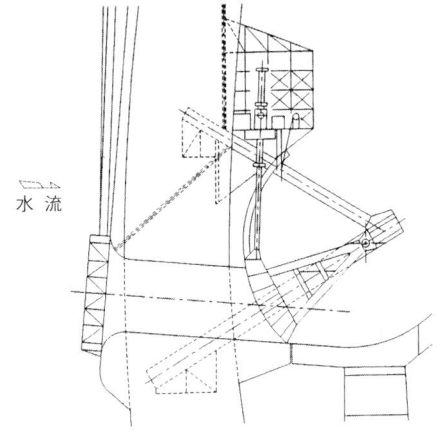

### アーチダムへの適用例として残る
### 唯一の摺動型高圧ラジアルゲート

　綾北ダムは，宮崎県が治水・農業・発電を目的とした綾川総合開発事業の一環として，須木村の大淀川水系綾北川に昭和35年建設された．計画放流量1090m³/s，洪水調節量240m³/sのアーチ式ダムである．また，補助ダムとしてはわが国最初に施工されたアーチダムでもある．当時は，戦後の国力昂揚とともにダム貯留水の有効活用が要請され始めた時期でもあり，それに伴い調整放流が可能な大容量高圧放流設備が求められた．そのため，このダムでは，アメリカから摺動型高圧ラジアルゲート設備の技術を導入して設置された．

　このダムに採用した摺動型高圧ラジアルゲートは，高圧下での大容量流量調節放流設備としての国内第一号機であり，その意味で技術的評価は高い．本ゲートの底部水密部は当初メタルタッチの水密であったが，その後ゴム水密方式に改良されている．

　アーチダムにおける高圧ラジアルゲートの採用は，配置ならびに基礎碇着部（アンカーレージ）での荷重集中など不利な点があったため，やがて高圧ローラゲートにとって代わられるようになる．綾北ダム洪水吐ゲートはアーチダムに高圧ラジアルゲートを設置した唯一の例として今日に至っている．

# 101　倉敷（端慶山）ダム・取水設備

| | |
|---|---|
| 設 置 場 所 | 沖縄県沖縄市字倉敷地内 |
| 設 置 河 川 | 比謝川水系与那原川 |
| ゲート形式 | 多重式取水ゲート |
| 設 置 門 数 | 1 |
| 寸　　　法 | 径間1.80m×扉高16.38m |
| 建 設 年 | 平成6年（1994） |
| 事 業 者 | 沖縄開発庁 |
| 施 工 会 社 | （株）栗本鐵工所 |

## 初の7段多重式ゲート
## 赤土の混入を防ぐ選択システムの採用

　倉敷（端慶山）ダムは，沖縄本島中南部の沖縄市に流れる比謝川水系与那原川に，沖縄開発庁が平成6年に建設したものである．ただし，ダム周辺には赤黄色で粘土分の酸性土壌が分布しており，降雨による浸食に非常に弱いうえ，その粘土分が長期にわたって水中に浮遊して河川や海域の長期汚濁の原因となっていた．このため，ダムの取水設備は7段の多重式ゲートとして，赤土の混入を防いで最適な水質の貯留水を選択的に取水できるようにした．

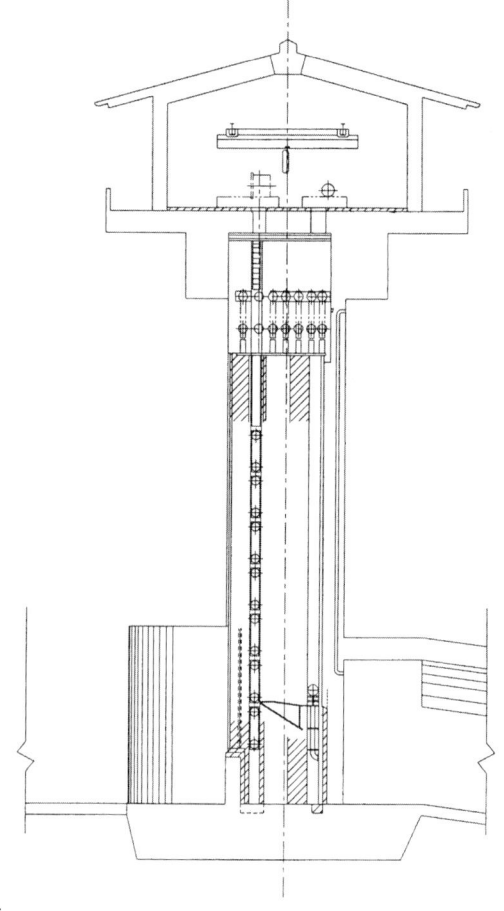

　従来，取水ゲートには直線多段式，半円形多段式，円形多段式等が採用されてきたが，多重式取水ゲートは，直線多段式の側部戸溝を左右1条として，扉体を摺動式から積み重ね式にしたもので，扉体間および戸溝部からの漏水が少なく，選択取水性能が優れているのが特徴となっている．

　また，水流方向の必要スペースが扉体1枚分ですむため，取水塔断面を小さくすることができ，コストおよび審美性でもメリットがあり，今後広く採用が期待されているシステムである．

# 図解 ゲート・バルブの形式

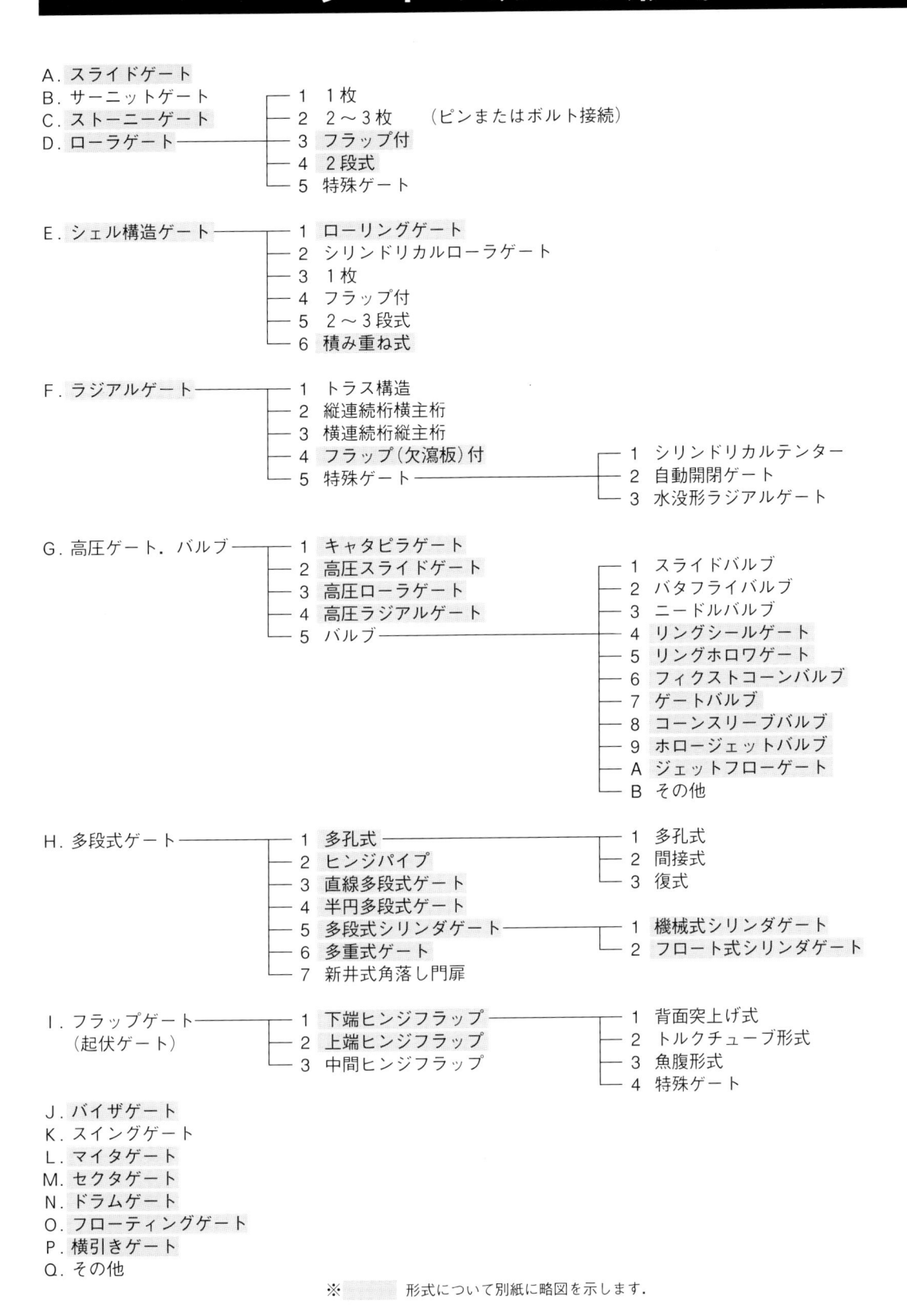

A. スライドゲート
B. サーニットゲート
C. ストーニーゲート
D. ローラゲート
　├ 1　1枚
　├ 2　2～3枚　（ピンまたはボルト接続）
　├ 3　フラップ付
　├ 4　2段式
　└ 5　特殊ゲート

E. シェル構造ゲート
　├ 1　ローリングゲート
　├ 2　シリンドリカルローラゲート
　├ 3　1枚
　├ 4　フラップ付
　├ 5　2～3段式
　└ 6　積み重ね式

F. ラジアルゲート
　├ 1　トラス構造
　├ 2　縦連続桁横主桁
　├ 3　横連続桁縦主桁
　├ 4　フラップ（欠潟板）付
　└ 5　特殊ゲート
　　　├ 1　シリンドリカルテンター
　　　├ 2　自動開閉ゲート
　　　└ 3　水没形ラジアルゲート

G. 高圧ゲート・バルブ
　├ 1　キャタピラゲート
　├ 2　高圧スライドゲート
　├ 3　高圧ローラゲート
　├ 4　高圧ラジアルゲート
　└ 5　バルブ
　　　├ 1　スライドバルブ
　　　├ 2　バタフライバルブ
　　　├ 3　ニードルバルブ
　　　├ 4　リングシールゲート
　　　├ 5　リングホロワゲート
　　　├ 6　フィクストコーンバルブ
　　　├ 7　ゲートバルブ
　　　├ 8　コーンスリーブバルブ
　　　├ 9　ホロージェットバルブ
　　　├ A　ジェットフローゲート
　　　└ B　その他

H. 多段式ゲート
　├ 1　多孔式
　│　　├ 1　多孔式
　│　　├ 2　間接式
　│　　└ 3　復式
　├ 2　ヒンジパイプ
　├ 3　直線多段式ゲート
　├ 4　半円多段式ゲート
　├ 5　多段式シリンダゲート
　│　　├ 1　機械式シリンダゲート
　│　　└ 2　フロート式シリンダゲート
　├ 6　多重式ゲート
　└ 7　新井式角落し門扉

I. フラップゲート（起伏ゲート）
　├ 1　下端ヒンジフラップ
　│　　├ 1　背面突上げ式
　│　　├ 2　トルクチューブ形式
　│　　├ 3　魚腹形式
　│　　└ 4　特殊ゲート
　├ 2　上端ヒンジフラップ
   └ 3　中間ヒンジフラップ

J. バイザゲート
K. スイングゲート
L. マイタゲート
M. セクタゲート
N. ドラムゲート
O. フローティングゲート
P. 横引きゲート
Q. その他

※　　　　　形式について別紙に略図を示します．

図解 ゲート・バルブの形式

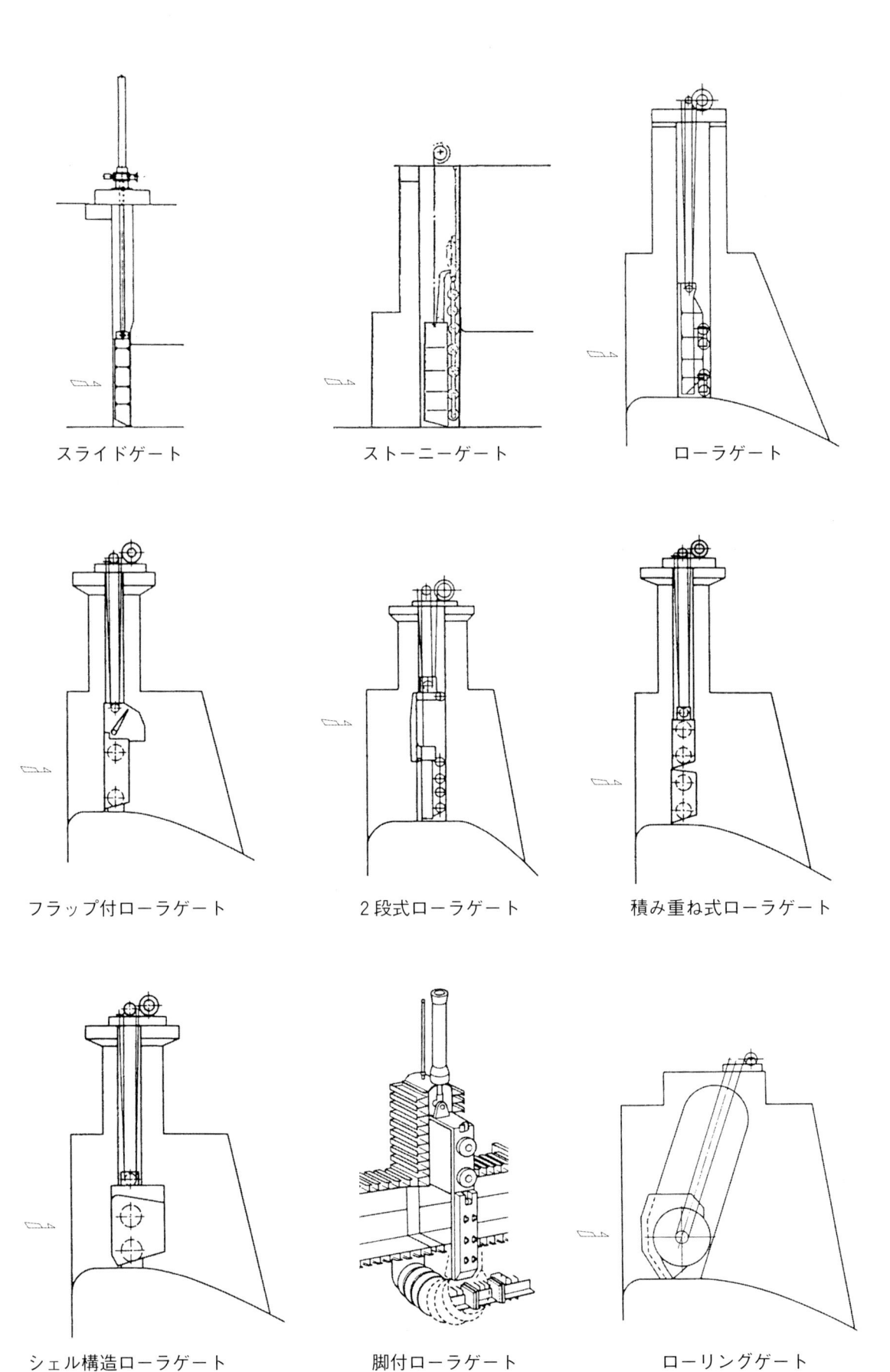

122

| | | |
|---|---|---|
| スライドゲート | ストーニーゲート | ローラゲート |
| フラップ付ローラゲート | 2段式ローラゲート | 積み重ね式ローラゲート |
| シェル構造ローラゲート | 脚付ローラゲート | ローリングゲート |

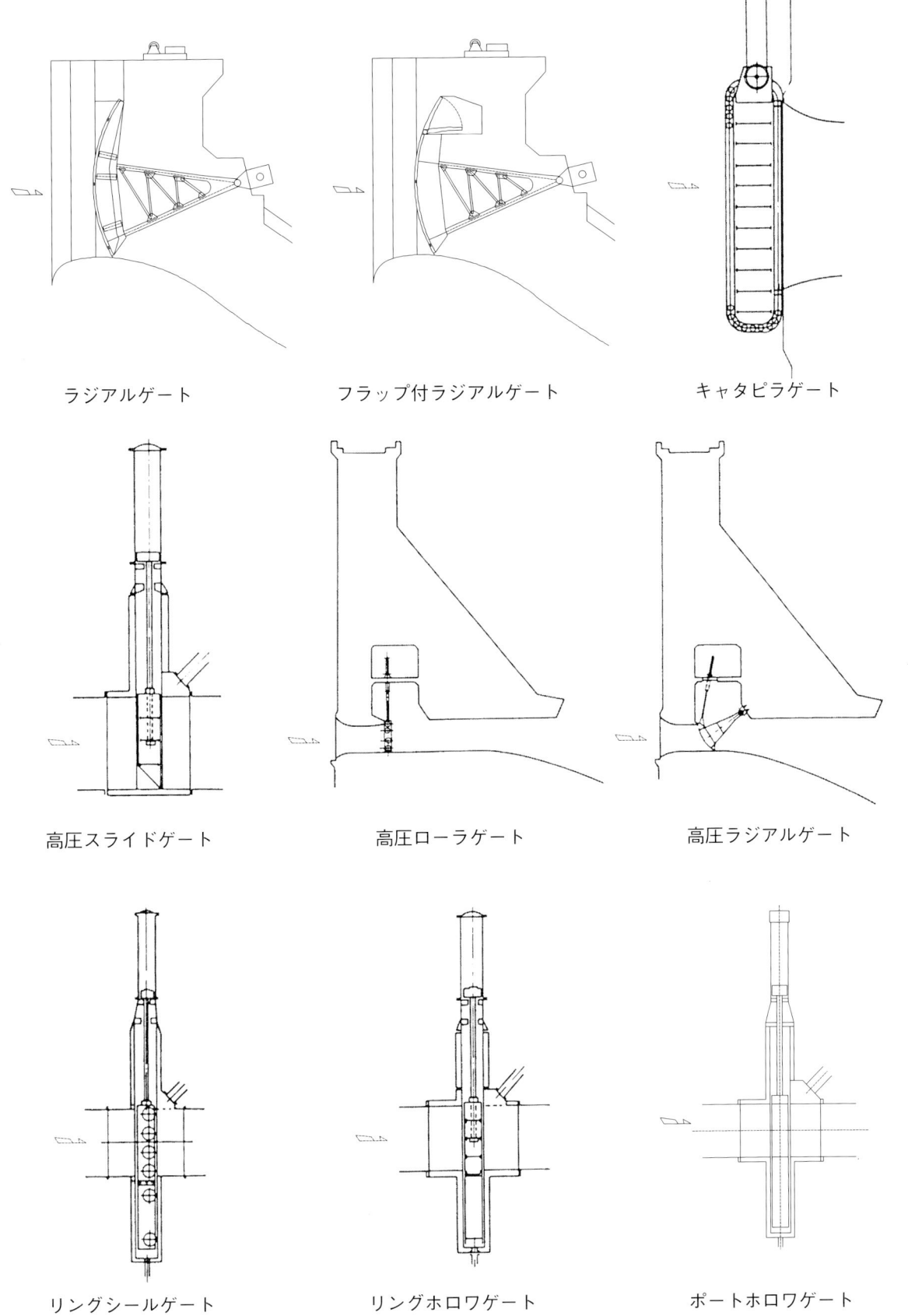

ラジアルゲート　　　　フラップ付ラジアルゲート　　　　キャタピラゲート

高圧スライドゲート　　　　高圧ローラゲート　　　　高圧ラジアルゲート

リングシールゲート　　　　リングホロワゲート　　　　ポートホロワゲート

図解 ゲート・バルブの形式

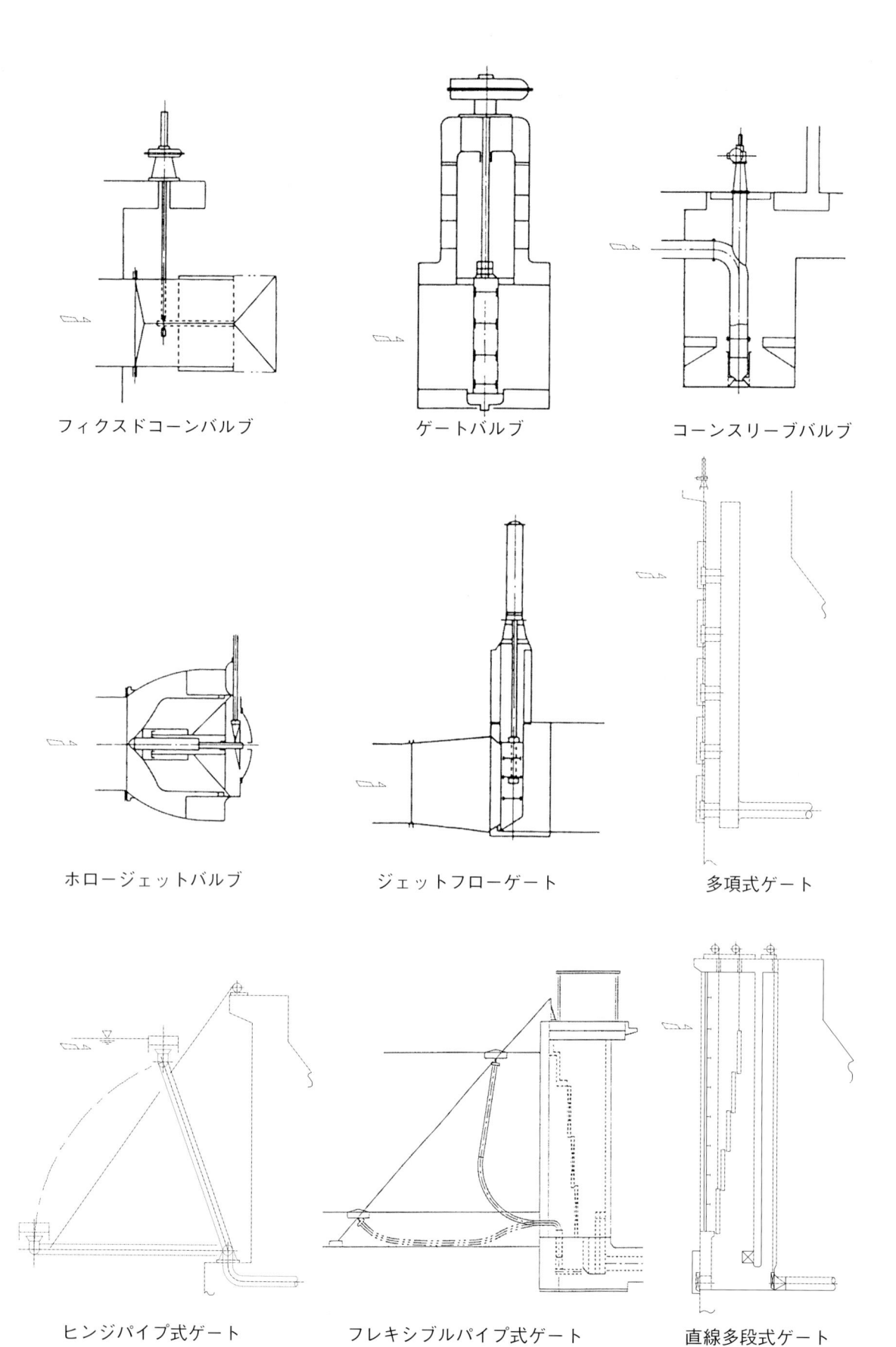

124

| | | |
|---|---|---|
| フィクスドコーンバルブ | ゲートバルブ | コーンスリーブバルブ |
| ホロージェットバルブ | ジェットフローゲート | 多項式ゲート |
| ヒンジパイプ式ゲート | フレキシブルパイプ式ゲート | 直線多段式ゲート |

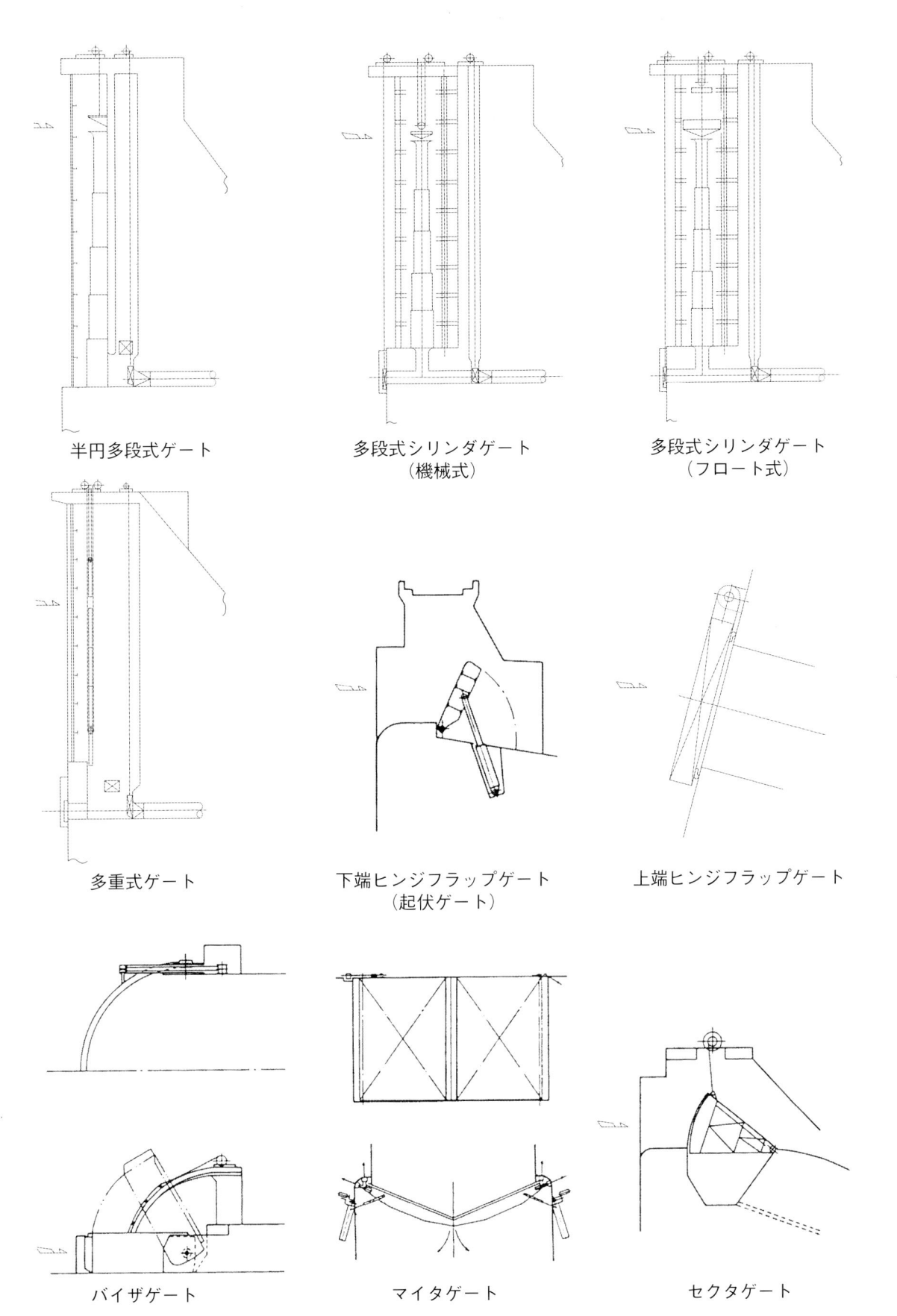

半円多段式ゲート　　　　多段式シリンダゲート　　　多段式シリンダゲート
　　　　　　　　　　　　　（機械式）　　　　　　　　（フロート式）

多重式ゲート　　　　　　下端ヒンジフラップゲート　　上端ヒンジフラップゲート
　　　　　　　　　　　　　（起伏ゲート）

バイザゲート　　　　　　マイタゲート　　　　　　　　セクタゲート

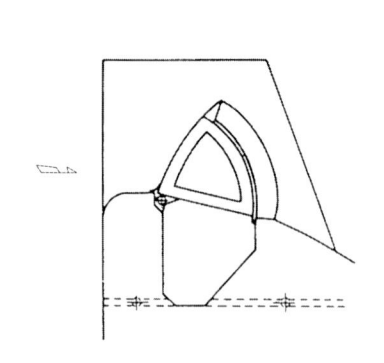

ドラムゲート

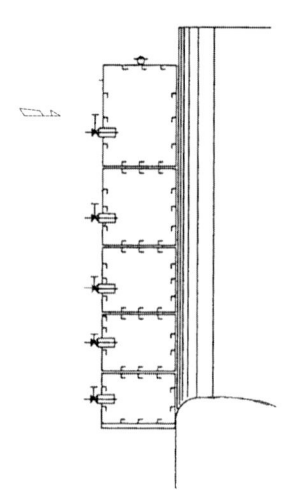

フローティングゲート

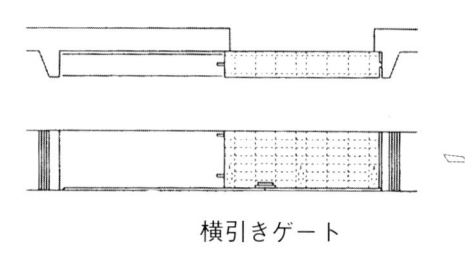

横引きゲート

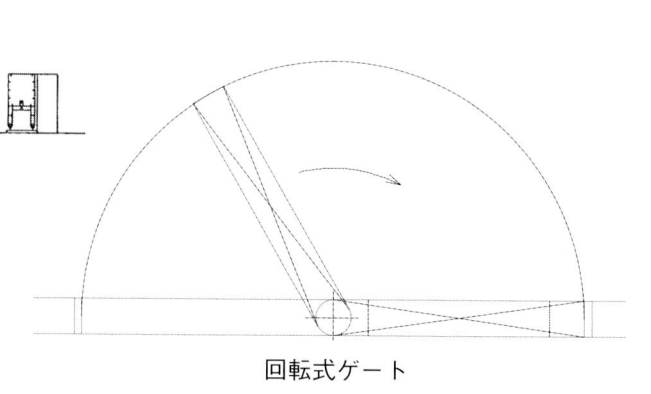

回転式ゲート

図解 ゲート・バルブの形式

# あ と が き

水門の風土工学研究委員会
文化遺産部会長　　貴堂　巖

　水門は，人類が川の水を利用しようと考えたとき，この世に生まれたであろうと考えられます．裁ち木を利用し井堰を設け，水の取入れ溝をつくったその入り口に水位を調節する今日でいう角落しらしき設備の遺跡がいくつか発見されています．決して派手に人々の目を引きつける設備ではないが古代より農業用水，上水，防火用水等暮しに必要な水とのかかわりをもつ人間の暮しにとって水門の存在は貴重な存在でありました．明治に入り，日本の近代化に必要な土木施設においても，治水，利水施設の要の役割をになっていながら控えめで，土木施設の機能に大きく影響する設備でありながら人々が着目し，評価する機会は著名な閘門，洗堰等を除けば少なかったように思われます．

　このことをふまえ，平成7年に発足した「ゲートの環境対策新技術開発委員会」において水門の文化遺産部会が設置され，文化遺産的価値のある鋼製ゲートの選定作業に着手しました．2年後の平成9年に，「水門の風土工学研究委員会」にこの作業が受継がれ内容がさらにブラッシュアップされることとなりました．

　文化遺産的価値がある水門設備として，①設備の歴史文化性，②技術文化性，③審美性，④知的文化性，⑤地域への貢献，の視点から選定作業を行いました．

　抽出作業にあたっては，明治14年から大正10年にかけて発行された『工業叢誌』や『工学会誌』，大正14年から発行された『土木学会誌』等土木関係の論文集をはじめ，水門に関係する協会系機関誌に記載された設備から文化遺産的価値があると考えられるものを抽出しました．また各ゲートメーカの実績を中心として，国内の約8 700に及ぶ設備を年代ごとに型式分類し技術的な評価をしました．そのほか全国の水と川に関する資料館，記念館に問合せを行い地域で評価されている水門設備の発掘を行いました．

　価値評価に先だって時代とともに地域の治水，利水上のニーズを満たすために発展した水門の技術の発展と変遷を調査し整理しました．この研究によって時代により水門設備に求められる性能の変化に対応して進化したゲートの形式と機能の系統化と発展の歴史を整理し，革新的な技術や画期的な規模を有するもの，地域の風土が生んだ豊かな景観を演出するものおよび社会に多大な貢献をした約250の鋼製ゲート設備を洗い出し，選定委員会で「鋼製ゲート百選」を選定しました．

　したがって，選定された百選の中には著名度において読者に馴染みのない設備もあるかと思われますが，土木，機械，電気，化学等の工学を統合した産物としての水門設備のなかからエポックメーキングな水門設備として選ばれたものであることをご理解願います．

　選定の内訳は北海道6，東北15，関東21，中部24，関西21，中国6，四国5，九州6の計104設備となりました．百選という限定からやむをえず掲載できない設備がありました．また全国の設備管理者のご協力を得て抜けの無いように情報を収集したつもりではありますがもし，選定の基準に該当しながら漏れているような設備が有れば何かの機会に併せて紹介できればと考えています．

　「鋼製ゲート百選」は現役設備から選定しましたが，関係者のご努力で歴史的な水門設備として保存されているものについては「遺構」として6件を紹介することとしました．

　本書を出版するにあたっては巻頭に掲げた設備管理者，ゲートメーカ，コンルタントの方々に並々ならぬご協力を賜りました．また，資料の整理には田中甚一氏，伊能敦子嬢の協力をいただきました．ここに厚く感謝の意を表します．

### 「鋼製ゲート百選」参考文献

1) 建設省河川開発課監修，ゲート総覧委員会編『ゲート総覧Ⅰ』，(社)ダム・堰施設技術協会，1987.11.
2) 建設省河川開発課監修，ゲート総覧委員会編『ゲート総覧Ⅱ』，(社)ダム・堰施設技術協会，1990.2.
3) 建設省河川開発課監修，ゲート総覧委員会編『ゲート総覧Ⅲ』，(社)ダム・堰施設技術協会，1993.4.
4) 建設省河川開発課監修，ゲート総覧委員会編『ゲート総覧Ⅳ』，(社)ダム・堰施設技術協会，1997.9.
5) (社)ダム・堰施設技術協会：『ダム・堰施設技術基準』，1990.9.
6) 建設省河川局監修，全国河川総合開発期成同盟会：『日本の多目的ダム』，山海堂，1980.3.22.
7) 通商産業省公益事業局水力課編：『日本発電用高堰堤要覧』，発電水力協会，1954.
8) 世界動力会議　大堰堤国際委員会日本国内委員会編：『日本大堰堤台帳』，1936.
9) (財)日本ダム協会：『ダム年鑑』(1999年版)，1999.2.20.
10) 全国河川研究会：『日本の総合河川』，1985.5.1.
11) (社)日本工学会：『明治工業史土木編』，工学会明治工業史発行所，1929.7.31.
12) 日本土木史編集委員会編：『日本土木史－明治以前－』，(社)土木学会．
13) 日本土木史編集委員会編：『日本土木史－大正元年～昭和15年－』，(社)土木学会，1965.12.15.
14) 日本土木史編集委員会編：『日本土木史－昭和16年～昭和40年－』，(社)土木学会，1973.4.25.
15) 竹林征三：『ダムのはなし』，技報堂出版，1996.2.26.
16) 渡辺　栄：『郷土に歴史的土木事業を訪ねる』，山海堂，1996.8.30.
17) 建設大臣官房技術調査室：『ふるさと土木史』，(財)経済調査会，1990.9.15.
18) 石井一朗：『日本の土木遺産』，森北出版，1996.5.8.
19) (社)土木学会：『人は何を築いてきたか』，山海堂，1995.8.
20) (社)ダム・堰施設技術協会：『取水と制水』
21) (社)水門鉄管協会：『水門鉄管』
22) (財)ダム技術センター：『ダム技術』
23) (社)発電水力協会：『発電水力』
24) 矢野泰明：北上川の魔を分かつ仁王門－鴇波洗堰と脇谷洗堰－，土木学会誌，1992.2.
25) 建設省五十里工事事務所：『五十里ダム』，1956.8.29.
26) 水資源開発公団利根導水路建設局：『利根導水事業』，1968.
27) 庄川町史編纂委員会編：『庄川町史上巻』，庄川町，1975.6.
28) (財)河川環境管理財団編：『生まれ変わった船頭平閘門』，建設省木曽川下流工事事務所，1994.
29) 四国電力株式会社：『穴内川発電所工事誌』，1968.9.

| | |
|---|---|
| **鋼製ゲート百選** | 定価はカバーに表示してあります。 |
| 2000年3月31日　1版1刷発行 | ISBN 4-7655-1609-1 C 3051 |

編　者　　水門の風土工学研究委員会
　　　　　（委員長）竹　林　征　三

発行者　　長　　　祥　　　隆

発行所　　技 報 堂 出 版 株 式 会 社

〒102-0075　東京都千代田区三番町8-7
　　　　　　　（第25興和ビル）
電　話　　営　業（03）（5215）3165
　　　　　編　集（03）（5215）3161
　　　　　F A X（03）（5215）3233
振替口座　00140-4-10

日本書籍出版協会会員
自然科学書協会会員
工学書協会会員
土木・建築書協会会員
Printed in Japan

ⓒ Seizo Takebayashi, 2000
落丁・乱丁はお取り替え致します。

装幀　芳賀正晴　印刷　三美印刷　製本　鈴木製本

**Ⓡ ＜日本複写権センター委託出版物・特別扱い＞**
本書の無断複写は，著作権法上での例外を除き，禁じられています。
本書は，日本複写権センターの特別委託出版物です。本書を複写される場合、
そのつど日本複写権センター(03-3401-2382)を通して当社の許諾を得てください。

●小社刊行図書のご案内●

# 風土工学序説

竹林征三 著————A5判・418頁[ISBN4-7655-1580-X]

〈主要目次〉 はじめに：最適化原理と個性化原理
第1部，風土と土木——地域おこしと風土/風土とは：人間存在の風土の構造/風土と土木/土木施設の本性と本望/土木施設の善悪の構造/魅力備わる土木施設の条件/満足拡大の土木と不満解消の土木/有形なる土木施設と無形なる土木施設/土木は大地に名をつける仕事
第2部　風土工学への道——感性工学の誕生の時代背景/感性と風土文化/風土工学の誕生/総合学としての風土工学：風土工学を支える6つの柱/風土工学への発展ステージ
第3部　風土工学の構築——思考するコンピュータ/風土の認知対象と認知システム/風土工学デザイン対象と演出シード/ものづくりに心を入れる心/風土工学の手足となる道具/風土工学のアプローチ類型/風土工学データバンクシステム
第4部　風土工学の適用——風土工学デザインコンセプトの創出/風土工学としての景観設計/土木施設の命名技術としての風土工学/風土工学としてのイメージ評価
第5部　土木事業と風土工学の視座——風土遺産・土木遺産の評価と保存・伝承：富士川22選/茨木の風土と安威川ダム/モロビの郷と森吉山ダム/吉野の郷・川上の郷と大滝ダム/富士山と富士川/越前平野の歴史風土と九頭竜川治水
第6部　おわりに——風土五訓と風土工学のすすめ/風土工学の着想と風土工学への思い

# 職人と匠 ["ものづくり"の知恵と文化]

金子量重・丹野稔・竹林征三（鼎談集）————B6判・130頁[ISBN4-7655-4224-6]

〈主要目次〉 プロローグ：高度経済成長の忘れもの/アジアから多彩な生活文化を学ぶ/風土がつくる"職人"・職人がつくる"風土"/真の文化をつくる"職人"/手で考え・目で思い・足で認めるものづくり/ものづくりの思いの結実/つくって見せる文化/手で伝える文化/ものづくりの心/エピローグ：ものづくりの未来に向けて

# ダムのはなし

竹林征三 著————B6判・222頁[ISBN4-7655-4408-7]

〈主要目次〉 川を知り・大地とつきあう/ダム擬とダム/ダムの語源をたどる/古代のダム/ダム技術前史/現在のダム技術の到達点/ダム盛立技術の今昔/基礎地質と和する技/水みちを断つ技/水を貯める心：神の裁き・試験湛水/山に従うものはよく山を従え：人は山意に従い・山また人に従い/ダム築造における儀式と祭り/ダム造りの名人・西嶋八兵衛と大禹謨/ダム事故の報道

技報堂出版　TEL編集03(5215)3161 営業03(5215)3165
FAX03(5215)3233